ZEITSCHRIFT FÜR ANGEWANDTE GEOLOGIE

HERAUSGEGEBEN VOM
ZENTRALEN GEOLOGISCHEN INSTITUT
IM AUFTRAG DES
STAATSSEKRETARIATS FÜR GEOLOGIE

AUS DEM INHALT

AKADEMIE-VERLAG · BERLIN

BAND 16 / HEFT 7/8
JULI / AUGUST
SEITE 325—380

	INHALT	СОДЕРЖАНИЕ	CONTENTS	
BELEWZEW, Ja. N.	Die Entstehung erzbildender Lösungen	Происхождение рудообразующих растворов	The Origin of Ore-Forming Solutions	325
BURCHARDT, I.	Zur Minerogenie der Manganakkumulationen in unterkarbonischen Kieselschiefern am Elbingeröder Komplex (Harz)	Минерогения скоплений марганца в нижнекарбоновых кремнистых сланцах эльбингерёдеского комплекса (Гарц)	The Minerogeny of Accumulations of Manganese in the Lower Carboniferous Siliceous Slates of the Complex of Elbingerode (Harz Mountains)	332
SCHATALOW, E. T.	Vorschläge zur Bezeichnung und Definition erzführender Flächen	Предложения о названиях и определениях рудоносных площадей	Suggestions as to the Designation and Definition of Ore-Bearing Surfaces	339
HEYNKE, A., & G. ZÄNKER	Zur Ausbildung und Leitbankgliederung des Staßfurtsteinsalzes im Südharzkalirevier	Характер и расчленение на опорные пласты штасфуртской каменной соли в калийной области Южного Гарца	On the Development and Classification into Key Massive Layers of the Stassfurt Rock Salt in the Potash District of the South Harz	344
PETROW, W. P., & N. I. SERGEJEW	Über Pechsteinvorkommen in der Umgebung von Meißen	О пехштейнах из месторождений в округе г. Мейсена	On Occurrences of Pitchstone in the Surroundings of Meißen	356
KÜSTNER, E.	Inkohlungsuntersuchungen und geothermische Betrachtungen am Beispiel des Oberkarbons im Erzgebirgischen Becken unter besonderer Berücksichtigung des Reflexionsvermögens der Flözvitrinite	Исследования углефикации и геотермические наблюдения на примере верхнего карбона бассейна Рудных гор с особенным учетом отражательной способности пластовых витринитов	Studies of Coalification and Geothermal Considerations Illustrated by the Upper Carboniferous in the Erzgebirge Basin, with Special Reference to the Reflecting Power of Seam Vitrinites	359
NIKONOW, W. F.	Gesetzmäßigkeiten der Verbreitung von Helium und heliumhaltigen Gasen in den Sedimentkomplexen der Erdkruste	Закономерности распространения гелия и гелийсодержащих газов в осадочных толщах земной коры	Regularities of the Distribution of Helium and Gases Containing Helium in the Sedimentary Complexes of the Earth's Crust	366
WINOGRADOW, A. P.	Über die Zusammensetzung der Gesteine des Mondes	О составе породы Луны	On the Composition of Lunar Rocks	373

Die ZEITSCHRIFT FÜR ANGEWANDTE GEOLOGIE berichtet ständig über folgende Arbeitsgebiete: Geologische Grundlagenforschung und Lagerstättenforschung / Methodik der geologischen Erkundung / Ökonomie und Planung der geologischen Erkundung / Technik der geologischen Erkundung / Geologie und Lagerstättenkunde im Ausland. In der Zeitschrift können alle strittigen Fragen der praktischen Geologie behandelt werden. Die Autoren übernehmen für ihre Aufsätze die übliche Verantwortung.

ZEITSCHRIFT FÜR ANGEWANDTE GEOLOGIE

Träger der Ehrennadel in Gold der Gesellschaft für Deutsch-Sowjetische Freundschaft

KOLLEKTIVE CHEFREDAKTION

Dr. K. KAUTER (Redaktionssekretär)
Prof. Dr. F. STAMMBERGER
Dr. habil. G. TISCHENDORF

BAND 16 · JULI/AUGUST 1970 · HEFT 7/8

Die Entstehung erzbildender Lösungen

JA. N. BELEWZEW, UdSSR

Im Prozeß der Erzbildung erfüllen die Lösungen eine Reihe wichtiger Funktionen. Sie sind die Lösungs- und Transportmittel der metallischen Komponenten, die diese an den Ort der Erzbildung bringen. Sie transportieren viele Millionen und häufig sogar Milliarden Tonnen von Erzmaterial und führen etwa gleichgroße Mengen erzfreier Komponenten weg.

Wäßrige Lösungen rufen in den Poren und Hohlräumen der Gesteine erhöhte Drücke hervor, wodurch diese auf die Löslichkeit, Beweglichkeit oder Unbeweglichkeit der Elemente oder deren Komplexe Einfluß nehmen, die sich in der Lösung und im Gestein befinden.

Im Prozeß der Wechselwirkung der Lösungen mit dem Nebengestein entstehen Austauschreaktionen, die metasomatische Erzbildungen hervorrufen oder zur Ausfüllung von Hohlräumen mit Erzmaterial führen. Nur unter Beteiligung von Lösungen entsteht eine metamorphe Umbildung der Gesteine, die zur Erzbildung führt.

Schließlich ist das Wasser der Überträger der Wärme, die eine hervorragende Bedeutung in allen Stadien der endogenen Erzbildung besitzt. Hierbei muß man bedenken, daß sich die überwältigende Mehrheit aller endogenen Erzlagerstätten mit Hilfe von thermalen wäßrigen Lösungen bildeten. Eine Ausnahme stellt lediglich die relativ kleine Gruppe der eigentlich magmatischen Lagerstätten dar.

Deshalb ist das hauptsächlichste genetische Problem der endogenen Erzbildung nach Meinung des Verf. die Entstehung der erzbildenden Lösungen.

Im Verlaufe der Entwicklung der Wissenschaft von der Erzbildung, besonders in den letzten 25 bis 30 Jahren, wurden im Zusammenhang mit dem Anstieg der geologischen Erkundungsarbeiten und der Zunahme der Bergbaubetriebe allseitige Untersuchungen verschiedener Lagerstätten auf allen Kontinenten der Erde vorgenommen. Diese Lagerstätten entstanden unter verschiedenen geologischen und geochemischen Bedingungen in allen bekannten Struktur- und Fazieszonen. Es häufte sich ein außerordentlich umfangreiches Faktenmaterial über den Bau der Erzfelder, der Lagerstätten und Erzlager, über den Mineralbestand der Erze, die Verteilung der chemischen Elemente in den Erzlagern und in den Nebengesteinen und auch über Druck- und Temperaturangaben an. Dieses Material gestattet, die Temperaturen und Drücke, bei denen sich Lagerstätten bildeten, zu beurteilen. Außerdem gelang es in den letzten Jahren, in der UdSSR und im Ausland neue wichtige experimentelle Ergebnisse zu erhalten, mit deren Hilfe es möglich war, einige physikochemische und thermodynamische Seiten der endogenen Erzbildung zu reproduzieren. So konnten im einzelnen neue Angaben über den möglichen Bestand, die Temperatur und den Druck erzbildender Lösungen, über den Transport der Metalle in Form von Ionenkomplexen und über andere Fragen erhalten werden.

Leider ist dieses umfangreiche geologische und experimentelle Material nicht in ausreichendem Maße veröffentlicht worden, um die Theorie der Erzbildung weiter zu vertiefen. Ungeachtet dessen, daß für viele Regionen und Lagerstättentypen das neue Faktenmaterial den früher angenommenen genetischen Schemata widerspricht, wird es weiterhin zur Unterstützung der veralteten, nicht durch neues Faktenmaterial untermauerten Theorien und Hypothesen verwendet.

Als bekannteste dieser Theorien, die in erheblichem Maße ihre erstrangige Bedeutung verloren hat, kann man die Theorie der hydrothermalen Erzbildung ansehen, auf deren kritische Betrachtung Verf. die Aufmerksamkeit lenken möchte.

Die ersten Ansichten über die hydrothermale Erzbildung wurden schon im 16.—18. Jahrhundert veröffentlicht. Sie sind verbunden mit Namen wie AGRICOLA, DESCARTES, LOMONOSSOW, LEHMANN u. a. Wissenschaftlern dieser Zeit.

Im 19. Jahrhundert entwickelten sich diese Ideen in Rußland durch D. I. SOKOLOW, G. E. SCHUROWSKIJ und in Westeuropa durch FOURNET (1844), ELIE DE BEAUMONT (1847), COTTA (1805) u. a. Nach den Vorstellungen dieser Gelehrten steigen aus den inneren Partien der Eruptivgesteinsmassen Emanationen empor, die aus flüchtigen Metallverbindungen im obersten Teil der Erdrinde bestehen. Dort gingen sie in Lösung über und führten zur Erzbildung innerhalb von magmatischen oder von Nebengesteinen.

Zur Entwicklung der hydrothermalen Theorie lieferten die deutschen Geologen einen wesentlichen Beitrag. Sie gründeten ihre Vorstellungen auf Vergleiche von

Eingang des Manuskripts in der Redaktion: 6. 4. 1970.
Übers.: Dr. PETER KRÜGER, ZGI, Berlin.

Metallgehalten in den Eruptivgesteinen mit denjenigen in den Lagerstätten selbst (COTTA 1872, BISCHOF 1847—1854). Etwas ausgereiftere Vorstellungen über die hydrothermalen Prozesse der Erzbildung wurden zu Ausgang des 19. Jahrhunderts geäußert. Sie wurden von französischen Geologen der Schule von DE LAUNAY (1897) vertreten, die als erste den Begriff der hydrothermalen Prozesse einführten und die verschiedenen Seiten der magmatogen-hydrothermalen Erzbildungen ausarbeiteten.

Im 20. Jahrhundert erfuhr die Theorie der hydrothermalen Erzbildung einen weiteren Aufschwung durch die Arbeiten von EMMONS, LINDGREN und GRATON in den USA (1946), S. S. SMIRNOW (1955), JU. A. BILIBIN, A. G. BETECHTIN (1953) u. a. in der UdSSR.

Entsprechend den Vorstellungen der Geologen, die diese Theorie gegenwärtig verteidigen (SMIRNOW 1969, WOLFSON 1962, OWTSCHINNIKOW 1968 u. a.) scheiden sich die hydrothermalen Lösungen, die die Metallverbindungen transportieren, von magmatischen Schmelzen vorwiegend saurer Zusammensetzung bei deren Kristallisation ab. Sie transportieren bedeutende Mengen von Metallen und nichtmetallischen Verbindungen. Mit ihrer fortschreitenden Abkühlung erfolgte die Auskristallisierung der in ihnen enthaltenen Verbindungen und die Bildung der Erzlagerstätten. Diese entstanden innerhalb vielfältiger Nebengesteine, so in magmatischen, sedimentären und metamorphen Gesteinen.

Nach Ansicht der Autoren dieser Theorien hat sich die übergroße Mehrheit aller Erze aus magmatogenen hydrothermalen Lösungen gebildet. Hiernach führte das ganze Problem der Bildung endogener Lagerstätten zur Untersuchung der Zeit und der Art und Weise der Abtrennung von Lösungen aus dem Magma, der physikochemischen Eigenschaften der Lösungen, der Formen des Transports der Erzsubstanz, der Wege und Bewegungsursachen der Lösungen, der Transportbedingungen metallischer und anderer Verbindungen und deren Ausfällung aus den erzführenden Lösungen.

Mehr noch, der Begriff „endogene Lagerstätten" selbst wurde in den meisten Fällen mit dem Begriff „hydrothermale Lagerstätten" identifiziert.[1]) Nach diesen Vorstellungen sind die Erzlagerstätten der verschiedenen Metalle gesetzmäßig im Dach magmatischer Plutone verbreitet. Die primäre Zonalität der Vererzung dieser Lagerstätten ist durch den Absatz verschiedener Mineralparagenesen bedingt, und zwar in umgekehrter Reihenfolge ihrer Löslichkeit, die durch das Temperaturgefälle der hydrothermalen Lösungen hervorgerufen wird.

Erkundungs- und Gewinnungsarbeiten, die in großem Umfang auf vielen Lagerstätten durchgeführt wurden, ergaben jedoch kein Material zur Bestätigung einer solchen gesetzmäßigen Verteilung der Lagerstätten rund um die Granitplutone, dagegen um so mehr für eine Verteilung um Batholithe, deren Existenz heute allgemeine Zustimmung erfährt. In Zusammenhang damit begannen schon in den dreißiger Jahren S. S. SMIRNOW und andere Wissenschaftler mit der Kritik an der Batholithkonzeption von EMMONS und dessen Vorstellungen von den Ursachen der primären Zonalität hydrothermaler Lagerstätten. Anstelle dieser Hypothese wurden Vorstellungen über das **ruckartige Auftreten** erzhaltiger Lösungen infolge von Spaltenbildungen geäußert, die danach die Bezeichnung **Pulsationstheorie** erhielten. In Übereinstimmung mit dieser Theorie werden die Vielgestaltigkeit der Erzlagerstätten und die in ihnen auftretenden primären Zonings durch das pulsierende Auftreten neuer und immer neuer Portionen hydrothermaler Lösungen unterschiedlicher Zusammensetzung, die aus dem sich entwickelnden magmatischen Herd stammen, erklärt. Es halten sich bei einigen Verfechtern dieser Theorie bis in die heutige Zeit recht orthodoxe Vorstellungen von der magmatischen Quelle thermaler Lösungen.

Im Verlaufe der letzten 25 Jahre änderten sich diese theoretischen Grundvorstellungen über die Bildung endogener Lagerstätten nicht. Die Mehrzahl der Arbeiten auf diesem Gebiet waren auf den Erhalt und die Verbesserung physikochemischer Konstanten der Bildung oder der Analyse natürlicher Paragenesen mit dem Ziel ausgerichtet, eine der Seiten des postmagmatischen Prozesses der Erzbildung zu erhellen.

Von der Position der erwähnten Vorstellungen aus war es jedoch sehr schwer, die Bildung der überwältigenden Mehrheit der endogenen Lagerstätten zu erklären. Für Lagerstätten, die in alten Schilden gebildet wurden, sind die Vorstellungen über ihre **metamorphogene** Entstehung von größter Bedeutung. Zu dieser Gruppe gehören die größten auf der Welt bekannten Lagerstätten des Eisens, Kupfers, Mangans, Urans, Nickels, Kobalts und anderer Metalle (SUDOWIKOW 1965, BELEWZEW 1968, DOMAREW 1966, 1969 u. a.). Die Mehrzahl der Lagerstätten der Kupferkies-, Gold-Silber- und anderer Formationen sind an subvulkanische Bildungen geknüpft (KOTLJAR 1968, SKRIPTSCHENKO 1964 u. a.). Die angeführten Autoren zeigten, daß diese Lagerstätten gesetzmäßig an Exhalationsprodukte und hydrothermale Lösungen vulkanogener und an vadose Wässer unterschiedlicher Entstehung gebunden sind.

Viele stratifizierte Lagerstätten des Bleis, Zinks, Kupfers, Zirkons, Urans und anderer Metalle bildeten sich bei der Metamorphose sedimentär-vulkanogener Erzanhäufungen, oder sie gehören zu den telethermalen, der Bildung nach niedrigtemperierten, schwachkonzentrierten Lösungen, die an Tiefenbrüchen aus sehr tiefen Horizonten der Erde aufsteigen (FEDORTSCHUK 1968).

Viele Lagerstätten des Urans und anderer Metalle bildeten sich an der Grenze von der Oxydations- zur Reduktionszone durch die Zirkulation heißer oder warmer Wässer der Tiefenzirkulation.

W. S. DOMAREW (1964, 1966) führte wichtige Hinweise für eine Bildung von Erzlagerstätten bei der Diagenese, Epigenese und Metamorphose an, die so schwerwiegend waren, daß sie die Vertreter der hydrothermalen Hypothese als Beweise für ihren Standpunkt benutzten. Er führt zu Recht an, daß es nicht angeht, die Zone der Veränderung des Nebengesteins als Beweis einer hydrothermalen (magmatogenen) Entstehung der Erzlagerstätten zu betrachten, d. h., eine lokale metamorphe Veränderung des Gesteins und die Bildung von Lagerstätten durch metamorphe Lösungen ergeben ein völlig gleiches Bild, wie es im Falle der Einwirkung

[1]) Verf. erinnert daran, daß endogene geologische Prozesse, die zur Bildung von Minerallagerstätten führten, durch innere Kräfte der Erde bedingt sind, die die Ursache tektonischer, metamorpher und magmatischer Prozesse darstellen.

postmagmatischer hydrothermaler Lösungen auf das Nebengestein zustande kommt.

Auf dem internationalen Symposium zu Problemen der endogenen Erzbildung (1968) verteidigten R. BOYLE, P. ZUFFARDI, K. DANAM, D. RIDGE (Großbritannien) die Hypothese von der Entstehung endogener Lagerstätten durch Infiltration, indem sie annehmen, daß die erzbildenden Elemente aus dem Nebengestein stammen, aus dem sie bei der Tiefenzirkulation durch in ihnen enthaltene Wässer gelöst wurden.

C. DAVIDSON (Schottland) entwickelte die Vorstellung über die Rolle stark mineralisierter verborgener Wässer bei der endogenen Erzbildung. W. I. SMIRNOW (1968) unterbreitete auf dem gleichen Symposium Vorstellungen über verschiedene Metallquellen bei der endogenen Erzbildung. Er unterschied im einzelnen: 1. juvenile Quellen, die an subkrustale basaltische Magmen geknüpft sind);[2] 2. Assimilationsquellen, die im Zusammenhang mit der Entwicklung eines palingenen granitischen Magmas gebildet werden; 3. Infiltrationsquellen, die aus dem Nebengestein stammen, unter Einbeziehung verborgener Lösungen.

L. N. OWTSCHINNIKOW (1968) führte schlagende Beweise für die Unveränderlichkeit der Zusammensetzung plutonogen-hydrothermaler Lösungen an, was die Pulsationsrolle des Magmenherds ausschließt. Er schreibt: „Jedoch die Versuche unterstützen sie (die Pulsationstheorie, der Verf.), und heute ist es sogar mit Hilfe verschiedener künstlerischer Schemata möglich, sie mit der Hypothese von D. S. KORSHINSKIJ in Einklang zu bringen.“ All das weiter oben Gesagte gestattet es heute nicht, irgendeine endogene Lagerstätte der Gruppe der magmatogenen Lagerstätten zuzuordnen, aber die Bildung hydrothermaler Erzlösungen kann nur von der Position der magmatischen Entstehung aus erfolgen, wie dies S. S. SMIRNOW, JU. A. BILIBIN und viele andere vertraten.

Ungeachtet all dessen werden in einer kürzlich im Druck erschienenen Monographie eines Autorenkollektivs, „Die Genese endogener Erzlagerstätten“ (1968), zur Gruppe der hydrothermalen Lagerstätten gezählt: karbonatitische (A. I. GINSBURG & E. M. EPSCHTEJN), Skarn- (W. A. SHARIKOW), Albitit- (A. A. BEUS), Greisen- (G. N. SCHTSCHERBA), vulkanogene (W. N. KOTLJAR), plutonogene (L. N. OWTSCHINNIKOW), telethermale (W. P. FEDORTSCHUK) und ein bedeutender Teil der metamorphogenen Lagerstätten (JA. N. BELEWZEW). Von ihnen wird nur für metamorphogene (JA. N. BELEWZEW) und für vulkanogene Lagerstätten (W. N. KOTLJAR) eine Entstehung aus hydrothermalen Lösungen angenommen, die nicht mit tiefen magmatischen Plutonen verknüpft sind. Diese Vorstellung von der Bildung der endogenen Lagerstätten entspricht nicht den heutzutage vorliegenden geologischen Fakten und den experimentellen Daten.

Weiter unten sollen einige geologische und physikochemische Daten zur Entstehung erzbildender Lösungen dargelegt werden. Das Faktenmaterial von Feldbeobachtungen, laborativen Untersuchungen und experimentellen Modellversuchen gibt immer mehr Grund, die Bildung der verschiedenen erzbildenden Lösungen, die an der Bildung der verschiedenartigen endogenen Lagerstätten teilnehmen, zu den polygenetischen, d. h. durch mehrere Ursachen entstandenen, zu zählen.

Hinweise darauf sind die Flüssigkeits-Gas-Einschlüsse in den Erzen und ihren Begleitmineralen der verschiedenartigsten genetischen Gruppen (metamorphogener, vulkanogener, Skarn-Albitit- und anderer Lagerstätten). In den Flüssigkeits-Gas-Einschlüssen wurden wäßrige Lösungen unterschiedlicher Zusammensetzung festgestellt sowie CO_2, Na, Cl, K, Bikarbonate, Sulfate und geringe Mengen von Schwermetallen. Es wurden Temperaturen für die Bildung der Erzminerale festgestellt, die von einigen zehn Grad bis zu 500—600 °C schwanken, ebenso Drücke von einigen Atmosphären bis zu 3000 bis 5000 Atmosphären. Die große Anzahl dieser Bestimmungen an Mineralen verschiedener genetischer Gruppen bietet Grund anzunehmen, daß die endogenen Lagerstätten eine breite Vielgestaltigkeit repräsentieren, die die Kompliziertheit der Änderung der thermodynamischen Bedingungen (t^0 und p) und der Zusammensetzung der Lösungen widerspiegelt (DOLGOW 1968).

All das bisher Dargelegte erlaubt, den Schluß zu ziehen, daß die erzbildenden hydrothermalen Lösungen mineralisierte erwärmte oder heiße Wässer sind, die verschiedene flüchtige Komponenten enthalten. Sie können unter verschiedenen Bedingungen gebildet werden: durch Aufsteigen aus subkrustalen Tiefen, durch Entstehen bei der Gesteinsmetamorphose, bei der unterirdischen Zirkulation vadoser Wässer, durch Freiwerden bei der Auskristallisation von Schmelzen oder durch Bildung bei der Vermischung von Wässern unterschiedlicher Herkunft.

Juvenile Lösungen

Ströme juveniler Lösungen, die an der endogenen Erzbildung teilnehmen, steigen aus den unteren Teilen der Erdrinde oder aus dem oberen Erdmantel an Tiefenbrüchen in die Zone der Erzablagerung auf. Diese Lösungen sind offensichtlich die Träger der Wärme, die die Metamorphose der Gesteine hervorruft. Insbesondere transportierten sie die großen Massen der alkalischen Elemente (Na und K), die die chemischen Agenzien der Metamorphose, Granitisierung, Entalkalisierung und der Alkalimetasomatose darstellen. D. S. KORSHINSKIJ (1967) bezeichnet solche Lösungen als transmagmatische Lösungen. Sie werden aus Zonen basaltischer oder peridotitischer Zusammensetzung abgeschieden. Entsprechend dem Umfang, in Zusammenhang mit der Abkühlung im Gebiet der überkritischen Temperaturen, steigt der Grad der Dissoziation der starken Säuren, und die Lösungen werden nicht nur zur magmatischen Verdrängung, sondern auch zur Entalkalisierung der Ausgangsgesteine befähigt. Für die Bestätigung der Existenz der juvenilen Wässer sprechen folgende Fakten und Tatsachen:

a) Relativ hohe Gehalte des Isotops ^{18}O in den Wässern von Fumarolen der Vulkane Avatsch auf Kamtschatka, Ebeo auf der Insel Paramuschir (Kurilenbogen), von Geysiren des Yellowstoneparks in den USA u. a. Ungefähr 5—10% aller Thermalquellen, die auf der Erde bekannt sind, haben hohe Gehalte an ^{18}O und werden offensichtlich in bedeutendem Maße von juvenilen Wässern gebildet.

[2]) Auf die Möglichkeit subkrustaler Entstehung von Teilen der erzbildenden Fluide wiesen bereits von A. W. KOROLEW (1959) geäußerte Vorstellungen hin.

b) Thermodynamische Berechnungen E. B. TSCHEKALJUKs (1966) gestatten eine Extrapolation der Daten der Löslichkeit des Wassers in den Silikaten bis zur Tiefe des oberen Erdmantels, wo sich der Punkt der Inversion befindet, unter dem die Löslichkeit von Wasser in den Silikaten mit einem Ansteigen des Drukkes niedriger wird. Diese Berechnungen, die begründet sind auf der experimentell festgestellten (CHITAROW 1967) und der theoretisch begrenzten Löslichkeit des Wassers in silikatischen Schmelzen in Abhängigkeit vom Druck, geben Grund zu der Annahme, daß unterhalb von 110 km aus der Silikatschmelze, die 6% gelöstes Wasser enthält, eine Abscheidung von Wasser auf dem Wege des retrograden Siedens vor sich geht. Bei niedrigerem Wassergehalt in der Schmelze liegt der retrogene Sättigungspunkt niedriger. Eine Erhöhung der Temperatur beeinflußt ebenfalls die Erniedrigung des Punkts der retrograden Sättigung. Daraus zog E. B. TSCHEKALJUK die Schlußfolgerung über die Existenz entgasten Materials in der Mitte des Mantels in einer Tiefe unter 100 km. Das stimmt mit den seismischen Daten W. A. MAGNIZKIJs (1965) über die Existenz einer „erweichten Schicht" im Mantel innerhalb einer Tiefe von 100—200 km überein, die einen Zustand ähnlich dem Schmelzzustand aufweist. Offenbar ist das auch die Schicht des retrograd entgasten Materials des Mantels, deren Entstehungsmöglichkeit E. B. TSCHEKALJUK durch theoretische Berechnungen feststellte.

Das gibt Grund zu der Annahme einer Möglichkeit der Absonderung flüchtiger Stoffe, einschließlich Wasserdampfs, aus der Zone der „erweichten Schicht" des Mantels und ihr Aufsteigen in die Erdrinde unter günstigen Bedingungen.

c) An vielen Orten beobachtet man ein Nebeneinander des Aufsteigens von Erzlösungen und basaltoiden Magmen in den Zonen der Tiefenbrüche, die offensichtlich zu den tiefen Schichten der Erdrinde oder den oberen Schichten des Erdmantels gehören. Erzlösungen, die sich bei vulkanischen Vorgängen bilden, sind ungeachtet ihrer augenscheinlich gemischten Entstehung (KOTLJAR 1968) unter der Wirkung vulkanischer Vorgänge an Mineralstoffen gesättigt. Die Zonen der Tiefenbrüche, durch die die basaltischen Magmen aufsteigen, erstrecken sich nicht selten über Hunderte und Tausende von Kilometern und weisen eine große Anzahl von Erzbildungen gleichen Typs unabhängig von den sich verändernden lokalen Bedingungen auf. Die Verteilung der Erzlagerstätten in solchen Zonen ist den allgemeinen Gesetzmäßigkeiten untergeordnet, die wahrscheinlich mit der Veränderung der über die Tiefenbrüche zuströmenden Lösungen verknüpft sind.

Als Beispiel kann man auf den Silbergürtel Amerikas hinweisen, der sich über mehr als zweitausend Kilometer innerhalb Mexikos von der Grenze der USA im Norden bis zu den Vulkanbergen im Süden, die an der Grenze zu Guatemala liegen, hinzieht. Innerhalb dieses Gürtels besteht eine zonale Verteilung der Metalle, d. h. ein ausgeprägter Wechsel (von Norden nach Süden) an Blei-Zink-Erzen mit geringen Silbergehalten, über im wesentlichen Kupfererze, anschließend von Blei-Silber-Erzen und schließlich von Silber- und Golderzen.

Diese Zonalität, die einen allmählichen Übergang einer geochemischen Zone in eine andere darstellt, die sich über Tausende von Kilometern erstreckt und mit einem Bruchsystem tiefer Anlage verbunden ist, ist unmöglich zu erklären durch ein aufeinanderfolgendes Eindringen verschiedener Magmen oder durch die pulsierende Tätigkeit eines magmatischen Herds, durch die physikochemischen Eigenschaften des Nebengesteins, durch eine Änderung des Wärmehaushalts des postmagmatischen Prozesses oder durch andere Ursachen der postmagmatischen Intrusionstätigkeit.

Am allerwahrscheinlichsten ist die Bildung der Lagerstätten dieses nordamerikanischen Silbergürtels mit dem Aufstieg thermaler Lösungen aus subkrustalen Tiefen der Erdrinde in Form einer mächtigen Front über der Zone der Tiefenbrüche verknüpft. Die Zusammensetzung dieser Lösungen kann sich mit der Zeit infolge Wechselwirkung mit dem Nebengestein, Vermischung mit vadosen Wässern und durch Verlust an thermodynamischem Potential der Lösungen verändern.

Postmagmatische Lösungen

Die Granitisierung von sedimentären und vulkanogenen Gesteinen und die Bildung von granitoiden Magmen hängt vom Prozeß der magmatischen Verdrängung (KORSHINSKIJ 1967) oder der palingenen Aufschmelzung (SUDOWIKOW 1964, VERHOOGEN 1961 u. a.) ab, die zur Abtrennung postmagmatischer (plutonomagmatischer) hydrothermaler Lösungen führt. Diese letzteren können sich wesentlich durch die Zusammensetzung, durch ihre lokale Verbreitung und ihre Wirkung auf die Gesteine von den juvenilen Lösungen unterscheiden.

Durch experimentelle Untersuchungen wies N. I. CHITAROW (1967) eine genügend hohe Löslichkeit des Wassers in Silikatschmelzen nach. Entsprechend den von ihm erhaltenen Daten erreicht der Wassergehalt in der Schmelze 14% bei einem Druck von 9 Kilobar und einer Temperatur von 1200 °C. Dabei hat der hohe Druck eine entscheidende Bedeutung, jedoch weniger die Temperatur.

In Zusammenhang damit befindet sich in den Anfangsperioden der Entwicklung eines magmatischen Herds bei hohen Drücken in der Schmelze eine große Wassermenge.

Während der Auskristallisation der Schmelze, die bei Druck- und Temperaturerniedrigung vor sich geht, müssen im allgemeinen bedeutende Mengen an Lösungen frei werden, die an flüchtigen Komponenten und erzbildenden Elementen gesättigt sind und nicht in die Minerale der magmatischen Kristallisation eintreten oder der Verdrängung dienen.

U. S. FIFE & F. J. TURNER (1962) zeigten, daß das Schmelzen der Gesteine bei der Regionalmetamorphose von einem den Fluiden inhärenten Druck begleitet wird, was auf eine Lösung des Wassers in der Schmelze und sein Zurückhalten bis zum Schluß der Kristallisation hinweist. Jedoch ist anzunehmen, daß mit Beendigung der Kristallisation der Schmelze alles Restwasser, das den Dampfdruck hervorruft, in Zusammenhang mit der Verringerung des Drucks von der festen Phase abgetrennt wird und zur Bildung der postmagmatischen Lösungen führt.

Wenn an der Vorstellung festgehalten wird, daß die Hauptursache für die Bildung von Schmelzen und magmatischen Verdrängungen die transmagmatischen Lösungen sind (nach KORSHINSKI 1967), dann müssen die postmagmatischen Lösungen in diesem Falle eine komplizierte Zusammensetzung und eine komplizierte Entstehung haben. Auf der einen Seite müssen sie in ihrer Zusammensetzung transmagmatische Restlösungen enthalten, die infolge des Verlustes eines Teils der Komponenten bei der Kristallisation verändert sind. Gleichzeitig müssen sie vermischte Lösungen darstellen, die sich infolge des Hinzukommens der Lösungen bilden, die aus dem Gestein bei seiner Assimilierung entlehnt werden. So wie die Bildung der Migmatite und Granite infolge der teilweisen oder vollständigen Aufschmelzung des Ausgangsmaterials vor sich geht, so übernehmen die postmagmatischen Lösungen die geochemischen Besonderheiten der Gesteine und der Porenlösungen. In diesem Falle müssen die postmagmatischen Lösungen mit den Elementen der Nebengesteine angereichert werden, auf deren Kosten sich die Schmelzen palingener Entstehung bilden.

Die postmagmatischen Lösungen zeichnen sich durch das Vorherrschen von sauren Komponenten in den Anfangsperioden und durch ihre gesetzmäßige Änderung zu den basischen Komponenten hin aus, was sich nicht selten in einer zonalen Bildung der postmagmatischen Mineralparagenesen ausdrückt. Beispiele zonaler Veränderung der Lagerstätten rings um einen magmatischen „Mutterherd" wurden nicht selten beschrieben. Tatsächlich erweisen sie sich in ihrer Mehrheit nicht als überzeugend, weil sie hauptsächlich auf der territorialen Verknüpfung der Lagerstätten mit Massiven von Eruptivgesteinen basieren, aber keine Verbindungen der Vererzung mit magmatischen Prozessen aufzeigen.

Durch diese Betrachtungsweise ist eine räumliche Verknüpfung der Vererzung mit Eruptivgesteinsmassiven sehr kompliziert und hängt von vielen Ursachen ab, vor allem von der Zusammensetzung und den geochemischen Besonderheiten des Ausgangs- (assimilierten) Gesteins, dem Vorhandensein juveniler Lösungen in ihrem Bestand und von Lösungen, die innerhalb des Magmas mit erzbildenden Komponenten angereichert wurden.

Solche postmagmatischen Lösungen komplizierter Zusammensetzung sind hochthermal, haben einen hohen Gasdruck, infolgedessen haben sie eine hohe Permeabilität und die Eigenschaft, verschiedene chemische Komponenten, darunter auch Metalle aus den Gesteinen, durch die sie filtriert wurden, zu extrahieren.

Metamorphe Lösungen

Die progressive dynamothermale Metamorphose wird durch Prozesse der Dehydratisierung der Gesteine hervorgerufen. Die Entwicklung der Metamorphose von den niedrigen zu den höheren Stufen äußert sich gewöhnlich in einer relativen Verringerung der Menge an Mineralen, die im Wasser enthalten sind.

Bei der Gesteinsmetamorphose wird das nichtgebundene Wasser freigesetzt, das sich in den Porenräumen des metamorphosierten Gesteins befindet, aber auch das gebundene Wasser, das Hydroxylwasser, das bis zur Metamorphose in den Bestand der verschiedenen Hydroxylminerale eintrat.

Wässer, die Porenlösungen bilden, sind nach Angaben von N. M. STRACHOW (1952), A. I. GERMANOW (1953), L. V. PUSTOWALOW (1940) und anderen in Sedimentgesteinen in großen Mengen enthaltenen, sie erreichen 360 Liter in 1 m^3 Gestein. Diese Wässer werden bei einem niedrigen Metamorphosegrad aus dem Gestein freigesetzt.

Ein großer Teil des Wassers, der aus dem Gestein bei dessen Metamorphose abgeschieden wird, führt zur Bildung oder zur Ergänzung der metamorphen hydrothermalen Lösungen. Das Hydroxylwasser wird bei einer Temperatur von über 300° abgegeben. Aus Kaolinit scheidet sich das Hydroxylwasser bei Temperaturen von 400—525° ab, aus Montmorillonit bei 400—800°, aus Hydroglimmer bei 300—600°. Diaspor verliert das Wasser bei Temperaturen von 550°, Brucit bei 400 bis 500°. Chlorite verlieren das Wasser bei verschiedenen Temperaturen von 600 bis 800° (VERHOOGEN 1961).

Die Gesteine der Grünschieferfazies enthalten ungefähr 3—5% Wasser, amphibolitische Gesteine 0,7 bis 1,0%, aber Granulite 0,35%. A. A. SAUKOW (1960) berechnete, ausgehend von einem Verlust von ungefähr 4% Wasser bei der Metamorphose eines Gesteins, daß 1 km^3 eines Sediments ungefähr 100 Mill. t Wasser freisetzt, nicht gerechnet die große Menge des Wassers, das im Prozeß der Diagenese und Gesteinsbildung abgegeben wird.

Eine bedeutende Menge wäßriger Lösungen entsteht im Ergebnis der Metamorphose von Sedimentgesteinen, die organische Stoffe enthalten. Im Maße der Verstärkung der Metamorphose gehen ein Anwachsen des Grades der Karbonatisierung und eine Zerstörung der Reaktionsfähigkeit der funktionalen Kohlenwasserstoffgruppen vor sich. Dabei entstehen nicht nur eine wäßrige Lösung, sondern auch Schwefelwasserstoff, Ammoniak und Kohlensäuregas. Berechnungen von A. A. KUDENKO & W. A. NARSEJEW (1969) zeigten, daß bei der Oxydation 1 t organischen Kohlenstoffs von 1,5 bis 4 t Wasser gebildet werden können.

So erwiesen sich als Quelle metamorpher Lösungen sedimentäre und vulkanische Gesteine, die der Metamorphose unterworfen wurden. Lösungen wurden in allen Stadien der progressiven Metamorphose abgeschieden durch Freisetzen von freiem und an verschiedene Minerale gebundenem Wasser.

Viele Erzlagerstätten, die innerhalb kristalliner Schiefer oder anderer metamorpher Gesteine verbreitet sind, bildeten sich durch Mobilisierung von Erzkomponenten aus den umgebenden Schichten durch metamorphe thermale Lösungen. Diese Lagerstätten sind gewöhnlich an eine bestimmte Gesteinsschicht geknüpft, die in ihrer Zusammensetzung einen erhöhten (ursprünglichen) Gehalt an Erzelementen aufweist.

Als Beispiel der Entstehung von Lagerstätten aus metamorphen Wässern kann hingewiesen werden auf die Eisenerz-, Kupferkies-, Titanomagnetit- und Uranlagerstätten, die mit alten lithologisch-strukturellen Zonen der kristallinen Schilde aller Kontinente der Erde verknüpft sind.

Vadose Lösungen

Als wesentliche Quelle erzbringender Lösungen bei der endogenen Erzbildung können die vadosen Wässer angesehen werden, d. h. die Infiltrations- oder Reliktwässer der unterirdischen Hydrosphäre. Thermalwässer vadoser Entstehung sind häufig Austritte hydrothermaler Wässer und Dämpfe an der Erdoberfläche, die eine Sauerstoffisotopenzusammensetzung aufweisen, die der des atmosphärilen Wassers entspricht.

Eine Vielzahl von Austritten heißer Wässer ist an Felder und Gürtel von Wärmeanomalien der Erdkugel geknüpft. Zu den Gebieten der Entstehung solcher Wässer gehören: das Great Rift Valley (in Afrika), das Äthiopien, Kenia, Uganda, Tansania und die kongolesischen Ostprovinzen durchzieht; die Küstenkette Nord- und Südamerikas, einschließlich des Yellowstone-Parks in Wyoming, bekannt durch seine Geysire; die Kamtschatka-Zone, die sich über die Kurilen, Japan, die Philippinen, Indonesien bis Neuseeland erstreckt; die Zone Islands und der Azoren im Atlantik; Hawaii und die Fidshiinseln im Stillen Ozean, aber auch einzelne Partien, wie das Erzgebirge (ČSSR), Laderello in Italien u. a.

Eine große Anzahl von Untersuchungen geothermaler Wässer und Wasserdämpfe, die aus den Tiefen der Erde aufsteigen, zeigte, daß 90—95% von ihnen ein für vadose Wässer charakteristisches Verhältnis von leichtem und schwerem Sauerstoff aufweisen ($^{16}O/^{18}O$).

Wichtige Daten über die Isotopenzusammensetzung des Sauerstoffs führt A. E. BABINEZ (1967) für einige Varietäten natürlicher Wässer an. Wässer an Thermalquellen, z. B. des Hauptsprudels in Karlovy Vary, des Kraters Ebeko, des Geysirs Welikan in Kamtschatka und anderer, sind in der Isotopenzusammensetzung des Sauerstoffs (^{18}O) sehr ähnlich den Wässern der sibirischen Flüsse (Amur, Jenissei) und des Baikalsees. Diese Daten zeigen, daß die Bildung dieser Thermalquellen durch die tiefer ablaufende Entstehung der Oberflächenwässer vor sich ging. Die Infiltrationswässer der Tiefenzirkulation bildeten sich in Gebieten mit geeignetem Relief. Sie entstanden in verschiedenen Tiefen, wo sie durch den geothermischen Temperaturgradienten erhitzt werden, oder infolge der Wärmeabgabe bei chemischen Reaktionen. Diese Wässer nahmen auf ihrem Wege an verschiedenen chemischen Reaktionen teil und erreichten eine Mineralisation erzbildender Elemente und ihrer Komplexe.

Im folgenden konnten diese Wässer durch verschiedene Ursachen an die Erdoberfläche gehoben werden, und zwar aus Tiefen von 1,5—2,0 km in Form thermaler, stark mineralisierter Lösungen.

Wässer vadoser Entstehung können außerdem in den Gebieten der unterirdischen Hydrosphäre mineralisierte, verdeckte Wässer eintrocknender Evaporit-Bassins bilden. Nach Ansicht des schottischen Wissenschaftlers J. DAVIDSON (W. I. SMIRNOW 1968) sind die verdeckten unterirdischen Wässer intensiv mineralisiert und befinden sich mit dem Nebengestein im Gleichgewicht. In jenen Fällen, in denen die bedeckten Wässer erhitzt oder tektonischen Faltungsvorgängen unterworfen wurden, nehmen sie aggressiven Charakter an und können im Verlaufe ihrer Tiefenzirkulation sowohl die Mobilisierung (Lösung) als auch den Transport und den Absatz von erzbildenden Elementen bewerkstelligen. Als Argumente einer solchen Tätigkeit bedeckter mineralisierter Wässer führt dieser Autor folgende Fakten an: a) die Entdeckung von Salzlaugen in Kalifornien, am Roten Meer und auf der Insel Tscheleken, die in Bohrungen die Metalle in Form von Sulfiden absetzten; b) die ähnliche Zusammensetzung von Flüssigkeits-Gas-Einschlüssen in Mineralen mit denen in Evaporiten; c) die ähnliche Zusammensetzung der Schwefelisotope von Evaporiten und erzbildenden Sulfiden; d) das hohe Alter des Bleis, das demjenigen alter Gesteinsschichten entspricht, durch die Evaporite (die bedeckten Lösungen) zikulierten.

Thermale Lagerstätten, die durch niedrige Bildungstemperaturen charakterisiert werden, zeigen eine stabile gleichartige Mineralisation. Die großräumigen, vorwiegend schichtigen Lager, die wahrscheinlich alle durch Wässer vadoser Entstehung aus der unterirdischen Zirkulation gebildet wurden, reicherten sich im Prozeß ihrer Migration durch die Gesteine mit Metallen an. Gegenwärtig werden immer mehr und mehr Angaben über niedrigtemperierte Lagerstätten des Gangtyps bekannt, in denen die Rolle der hydrothermalen Lösungen offensichtlich Schichtwässer als Porenfüllungen übernahmen, die an die Erdoberfläche durch Gesteinshorizonte mit stärkerer Porosität aufstiegen.

Experimentelle Untersuchungen, die am Institut für geologische Wissenschaften der Akademie der Wissenschaften der Ukrainischen SSR durchgeführt wurden, ergaben, daß die Gesamtabfuhr von Metallen aus metamorphen Gesteinen mit Hilfe saurer Lösungen bei Temperaturen von 200° und einem Druck von 300 Atmosphären in einem Zeitraum von 100 Stunden 40% des Primärgehalts der Gesteine ausmachte. Die Extraktion von Metallen aus Sedimentgesteinen geht noch intensiver vor sich; sie erreicht bei denselben Bedingungen 70—80%. Die Anreicherung der Lösungen an erzbildenden Elementen geht bei der Filtration durch das Gestein in Abhängigkeit von vielen Bedingungen vor sich: a) durch das Vorhandensein eines lang anhaltenden Lösungsstroms durch die Gesteine, die einen mehr oder weniger stabilen Metallinhalt haben; b) durch das Vorhandensein von Mikroerzfazies in ausreichender Menge mit entsprechenden Metallen in den Gesteinen; c) durch die Zusammensetzung der Lösungen. Die Temperatur und der Druck müssen dabei günstig für die Lösung der Metalle und die Bildung stabiler Ionenkomplexe sein.

Wie aus dem weiter oben Angeführten ersichtlich ist, haben die erzbildenden Lösungen eine polygene Entstehung, was einen entscheidenden Einfluß auf die Bildung und Verbreitung endogener Erzlagerstätten hat.

a) Endogene Prozesse entwickelten sich innerhalb beweglicher Zonen der Erdrinde. Sie entstanden durch den Aufstieg vulkanischer Massen aus subkrustalen Tiefen, durch das Wirken von Wärmeströmen und Fluiden, die das Gestein metamorphosierten und granitisierten, aber auch unmittelbar zur Bildung erzbildender Lösungen oder zur Bildung von Erzlagerstätten beitrugen.

b) Die aus den subkrustalen Bereichen aufsteigenden thermalen Fluidströme trugen erzbildende Komponenten in sich, konnten aber auch diese aus den Gesteinen entnehmen, durch die sie auf ihrem Weg in die oberen Horizonte der Erdrinde wanderten. Bei günstigen Bedingungen konnten sich unter Einfluß hypogener Fluide Erzlagerstätten bilden, die zweckmäßigerweise als endohydrogene (tiefenhydrogene) oder juvenilogene Lagerstätten bezeichnet werden. Die endohydrogenen Lagerstätten sind mit den Tiefenbrüchen der Erdkruste verknüpft und bilden nicht selten Erzgürtel großer Ausdehnung (Pazifikgürtel, den Silbergürtel Nordamerikas, den europäischen Eisenerzgürtel, den Ural-Erzgürtel u. a.).

In anderen Fällen rufen die aufsteigenden thermalen Fluidströme eine Metamorphose und Granitisierung der Gesteine hervor. Dabei vermischten sie sich mit metamorphen, postmagmatischen oder mit vadosen Wässern der Tiefenzirkulation und reicherten sich mit den metallischen Komponenten der metamorphen Gesteine an. Der Erzbildungsprozeß, der durch diese Lösungen hervorgerufen wird, ist charakteristisch für alte mobile Zonen der kristallinen Schilde und für aktivierte Zonen alter Plattformen.

In den oberen Teilen der Erdrinde, inmitten der Sedimentgesteine, herrschen vadose Wässer der Tiefenhydrosphäre vor, die unter günstigen Umständen ebenfalls mit erzbildenden Elementen der Nebengesteine angereichert werden und zur Bildung telemagmatischer Erzlagerstätten führen.

In Übereinstimmung mit dem angeführten Schema der endogenen Erzbildung entstehen die Lagerstätten der verschiedenen Metalle vorwiegend aus Lösungen juveniler, metamorpher, postmagmatischer, vulkanogener oder vadoser Entstehung. Überaus häufig haben jedoch die erzbildenden Lösungen eine komplizierte Entstehung und bilden sich auf dem Wege der Vermischung der obenangeführten Lösungen.

So hat der Begriff „hydrothermale Erzbildung" seinen primär genetischen Sinn verloren. Wenn man eine Lagerstätte als „hydrothermal" bezeichnet, so bedeutet das lediglich, daß sie mittels heißer wäßriger Lösungen gebildet wurde. Das deutet aber auf keinen bestimmten genetischen Typ einer Lagerstätte. Die Lagerstätte kann juvenil-hydrothermal (endohydrogen), plutonisch-hydrothermal, metamorph-hydrothermal, hydrothermal aus dem Bereich der Tiefenzirkulation, hydrothermal-vulkanogen oder gemischt-polygen entstanden sein.

Das richtige Verständnis für die natürlichen Bedingungen der Entstehung erzbildender Lösungen gestattet es, neue Prozesse der Bildung von unterschiedlichen endogenen Lagerstätten zu entdecken, die wiederum die Möglichkeit für die Bestimmung der Gesetzmäßigkeiten ihrer Verteilung und die Ausarbeitung neuer Suchkriterien geben.

Zusammenfassung

Anhand von neuem geologischem Material und einigen experimentellen Angaben wird gezeigt, daß die weithin bekannte Theorie der magmatogenen Entstehung erzbildender hydrothermaler Lösungen nicht haltbar ist. Es wird die polygene Entstehung erzbildender Lösungen, die an subkrustale Prozesse, wie Metamorphose, Ultrametamorphose, Vulkanismus und die Tiefenzirkulation vadoser Wässer, geknüpft ist, geschildert.

Резюме

Основываясь на новых геологических материалах и некоторых экспериментальных данных показана несостоятельность широко известной теории магматогенного происхождения рудообразующих гидротермальных растворов. Рассмотрено полигенное происхождение рудообразующих растворов, связанное с подкоровыми процессами, метаморфизмом, ультраметаморфизмом, вулканизмом и глубинной циркуляцией вадозовых вод.

Summary

From new geological material and some experimental data results that the widely known theory of the magmatogenic origin of ore-forming hydrothermal solutions cannot be supported. The polygenic origin of ore-forming solutions is described which is connected with subcrustal processes such as metamorphism, ultrametamorphism, volcanism, and subsurface circulation of vadose waters.

Literatur

BABINEZ, A. E.: Untersuchungsergebnisse des ^{18}O-Gehaltes in einigen genetischen Typen natürlicher Wässer. – Verl. Naukowa dumka (1967).

BELEWZEW, JA. N.: Metamorphogene Lagerstätten. – In: Die Genese endogener Erzlagerstätten. – Verl. Nedra (1968).

BETECHTIN, A. G.: Hydrothermale Lösungen, ihre Natur und die Prozesse der Erzbildung. – In: Die Grundprobleme in der Lehre von den magmatischen Erzlagerstätten. – Verl. Akad. Wiss. UdSSR (1953).

BILIBIN, JU. A.: Ausgewählte Werke, Bd. I. – Verl. Akad. Wiss. UdSSR (1958).

CHITAROW, N. I.: Die grundlegenden Gesetzmäßigkeiten der Abscheidung von Wasser von magmatischen Schmelzen granitischer Zusammensetzung. –. Geochimija, Nr. 11 (1967).

DOLGOW, JU. A.: Der Gehalt an Gasen in den Prozessen der endogenen Mineralbildung. – Intern. Geologenkongr., XXIII. Tagung (1968).

DOMAREW, W. S.: Über einige Probleme der Lagerstättenlehre. – Sapiski wses. min. ob-wa, H. 2 (1964).

– Über metamorphogene Erzbildung. – Sowj. geol., Nr. 4 (1966).

DOMAREW, W. S., & I. M. BOLDAREWA: Fragen der Genese polymetallischer Lagerstätten des östlichen Karamasar. – Sowj. geol., Nr. 11 (1969).

FEDORTSCHUK, W. P.: Die telethermalen Lagestätten. – In: Genesis der endogenen Erzlagerstätten. – Verl. Nedra (1968).

FIFE, U., F. TURNER & J. VERHOOGEN: Metamorphe Reaktionen und metamorphe Fazies. – Verl. IL (1962).

GERMANOW, A. I.: Über die mögliche Beteiligung unterirdischer Wässer bei der hydrothermalen Erzbildung. – Iswestija AN SSSR, ser. geol., Nr. 6 (1953).

GREJTON, L.: Die Natur der erzbildenden Fluide. – Gosgeotechisdat (1964).

KOROLEW, A. W.: Die endogene Erzbildung und die Entwicklung der Erde. – Tr. Sredn. polytechn. in-ta, Bd. 2 (1959).

KORSHINSKIJ, D. S.: Das Säureregime und das Regime der Alkalimetalle in transmagmatischen Lösungen. – In: Probleme der Kristallchemie der Minerale und der endogenen Mineralbildung. – Isd-wo AN SSSR (1967).

KOTLJAR, W. N.: Vulkanogene hydrothermale Lagerstätten. – In: Genesis endogener Erzlagerstätten. – Isd-wo Nedra (1968).

KUDENKO, A. A., & W. A. NARSEEW: Über eine Möglichkeit des Bildungsmechanismus von Parahydrothermen bei der Metamorphose. – In: Probleme der metamorphen Erzbildung. – Isd-wo Naukowa dumka (1969).

MAGNIZKIJ, W. A.: Der innere Aufbau und die Physik der Erde. – Isd-wo Nedra (1965).

OWTSCHINNIKOW, L. N.: Plutonogene hydrothermale Lagerstätten. – In: Die Genesis endogener Erzlagerstätten. – Isd-wo Nedra (1968).

PUSTOWALOW, L. W.: Petrographie der Sedimentgesteine. – Tsch. 1–2 (1940).

SAUKOW, A. A.: Einige Bemerkungen über hydrothermale Lösungen und hydrothermale Lagerstätten. – Tr. IGEM, wyp. 46 (1960).

SKRIPTSCHENKO, N. S.: Die Bildungsgesetzmäßigkeiten und Suchkriterien der Kupferkieslagerstätten im nördlichen Kaukasus. – In: Gesetzmäßigkeiten der Verbreitung von Mineralen. – Bd. 7, Nauka (1964).

SMIRNOW, S. S.: Ausgewählte Werke. – Isd-wo AN SSSR (1955).

SMIRNOW, W. I.: Geologie der Minerallagerstätten. – Nedra (1969).

SMIRNOW, W. I., & N. G. DEMIDOWA: Probleme der hydrothermalen Erzbildung. – Symposium zu Problemen der Erzbildung in Schottland (1968).

STRACHOW, N. M.: Grundlagen der Theorie der Lithogenese, Bd. 1 und 2. – Verl. Akad. Wiss. UdSSR (1960–1964).

SUDOWIKOW, N. G.: Regionalmetamorphose und einige Probleme der Petrologie. – Verl. LGU (1964).

– Metamorphogene Erzbildung. – Sowj. geol., Nr. 4 (1965).

TSCHEKALJUK, E. B.: Die Rolle der retrograden Löslichkeit in den Prozessen der Akkumulation und Migration der Tiefenfluide. – Geol. Jb., H. 1 (1966).

TURNER, F., & J. VERHOOGEN: Petrologie der Eruptiv- und metamorphen Gesteine. – Verl. IL (1961).

WOLFSON, F. I.: Probleme der Untersuchung hydrothermaler Lagerstätten. – Verl. Nedra (1962).

Zur Minerogenie der Manganakkumulationen in unterkarbonischen Kieselschiefern am Elbingeröder Komplex (Harz)

IMMO BURCHARDT, Halle

(Mitteilung aus dem VEB Geologische Forschung und Erkundung, Betriebsteil Halle)

Die als Metallogenie bzw. Minerogenie bekannt gewordene Arbeitsrichtung der geologischen Wissenschaften beschäftigt sich mit der stofflichen Evolution der Erdkruste, insbesondere mit den Ursachen der Entstehung natürlicher mineralischer Rohstoffe, mit den Gesetzmäßigkeiten ihrer räumlichen Verbreitung und dem zeitlichen Ablauf ihrer Bildung, wobei die Akkumulation nutzbarer Minerale als notwendige Seite einer zufälligen Entwicklung der mit ihnen genetisch verknüpften Gesteinskomplexe angesehen wird.

In der Vergangenheit wurde den Nebengesteinen der Vorkommen und Lagerstätten wenig Beachtung geschenkt, und Fragen nach der Genese der Erze wie ihrer Lokalisierung wurden vorwiegend aus den Erzkörpern selbst heraus zu beantworten versucht. Vor allem im sedimentären Bereich können durch Einbeziehung der mit den Erzen verknüpften (Neben-)Gesteine umfassendere und allgemeinere Aussagen über die Bildung und Platznahme der Vererzung gemacht werden.

Einleitung

Manganmineralakkumulationen treten in den Kulmkieselschiefern des Harzes am Elbingeröder Komplex (HAAGE 1964a, 1964b, MUCKE 1964) und im Oberharz (KLOCKMANN 1885) im Übergangsbereich der Ahrendfeld- zur Büchenberg-Serie (ERDMANNSDÖRFFER 1926, HAAGE 1964, MUCKE 1964 und andere) auf. Der Mineralisationstyp kann folgendermaßen formuliert werden: primär sedimentäre Rhodonit-Rhodochrosit-Mineralisation in Kieselgesteinen.

Vorkommen gleichen Typs, teils in metamorpher Fazies vorliegend (gemeint sind die Primärerze der Lagerstätten, oft wurde oder wird ihr oxidischer Hut abgebaut), lassen sich in verschiedenen stratigraphischen Positionen und regionalen Bereichen finden. Hierher gehören nach Ansicht des Verf. z. B. die Mangananreicherungen im Kulm des Kellerwaldes (HUMMEL 1923), die Mangananreicherungen in den Kulmkieselschiefern der Dillmulde (HOSS 1957), die Manganerzlagerstätten der Südwestiberischen Kiesprovinz (HOYER 1911, STRAUSS 1965), die silikatisch-karbonatischen Manganmineralisationen vom Typ „Queluz-Lafayette" im Staat Minas Gerais (Brasilien) (DORR, SOARES & HOREN 1956), die Manganerze von Madhja Pradesch (Indien) (STRACZEK u. a. 1956).

Im folgenden soll am Beispiel der Manganmineralisation in den Kulmkieselschiefern am Elbingeröder Komplex den Fragen nach der Art der Zufuhr des Mangans wie seiner orientierten Platznahme und Mineralisation nachgegangen werden.

1. Der die Manganmineralisation beinhaltende Gesteinskomplex

1.1. Petrographische Ausbildung der Ahrendfeld-Serie der Kulmkieselschiefer am Elbingeröder Komplex

Die Ahrendfeld-Serie der Kulmkieselschiefer tritt als Wechsellagerung von Ton- und Kieselschiefern in Erscheinung, wobei die Kieselschieferbänkchen bis ca. 15 cm, die Tonschieferlagen bis ca. 10 cm Mächtigkeit erreichen. Die vorherrschend schwarze Farbe der Ahrendfeld-Kieselschiefer wird durch eine kohlige Pigmentierung verursacht. Sporadisch sind in diese Gesteine bis ca. 4 cm mächtige helle Tufflagen eingeschaltet.

Die Tonschiefer bauen sich aus Schichtgittermineralen, Quarz und untergeordnet kryptokristalliner Kieselsäure auf. Beigemengt sind kohlige Substanzen, die die Strichfarbe des Gesteins von grau bis tiefschwarz variieren lassen. Sulfide treten vor allem als Pyrit (Konkretionen, Idioblasten, schichtparallele Lagen) oder selten als Kupferkies und Covellin (Grube Braunesumpf) auf. Durch Zunahme des Kieselsäureanteils gehen die Tonschiefer über kieselige Tonschiefer und tonschieferartige Kieselschiefer in Kieselschiefer über. Im Aufschluß sind solche allmählichen Übergänge häufig zu beobachten.

Die Kieselschiefer besitzen eine kryptokristalline Kieselsäuregrundmasse, in der als (seltene) Nebenminerale Karbonat (-rhomboeder), Glimmer (Serizit), Chlorit und Pyrit auftreten. Die Textur der Kieselschiefer ist richtungslos oder schichtig. Durch kohlige Imprägnation schwankt die Farbe zwischen grau und schwarz. Radiolarienreste treten, oft in Zonen angereichert, in kieseliger, kalzitischer oder chloritischer Erhaltung auf.

Die tuffitischen Lagen zeigen eine starke Zersetzung. Neben Ton- und Glimmermineralen treten Quarze (Korngrößenbereich der Schluffe und Sande), Feldspäte und Biotite auf. Den tuffitischen Einschaltungen fehlt die kohlige Pigmentierung, so daß sie als helle Bänder in dem sonst dunklen Gestein deutlich hervortreten.

1.2. Petrographische Ausbildung der Büchenberg-Serie der Kulmkieselschiefer

Das charakteristische Gestein der Büchenberg-Serie sind Wetzschiefer und Adinole (nach ERDMANNSDÖRFFER 1926) bzw. Silikolithe (nach MUCKE 1964).

Eingang des Manuskripts in der Redaktion: 13. 3. 1970.

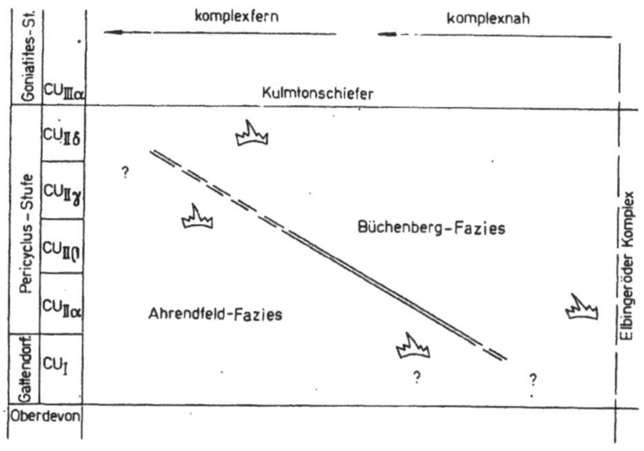

Abb. 1. Die Kulmkieselschiefer in Zeit, Fazies und Orientierung am Elbingeröder Komplex

Sie bestehen aus tonig-kieseliger Grundmasse (mit Albit- und Chloritanteilen), in der Kristalloklasten und -blasten (Quarz, Feldspat, Glimmer) auftreten. Ein Karbonatgehalt ist stets zu beobachten (weiße fetzenartige Aggregate).

Das Gestein besitzt vorwiegend grüngraue und hellgraue Farben. Durch Lagen tuffitischen Materials tritt in dem sonst dichten Gestein gelegentlich eine Feinschichtung hervor.

Tonschiefer treten als undeutlich geschieferte Gesteine mit grauer Grundfarbe auf. Am Aufbau des Gesteins sind vorwiegend Schichtgitterminerale beteiligt. Durch Zunahme des Kieselsäureanteils bestehen zu Wetzschiefern alle Übergänge. In den Tonschiefern treten karbonatische und tuffitische Einlagerungen auf, Organismenreste werden gelegentlich angetroffen.

Tuffe treten als Kristalltuffe auf, die zumeist aus über 50% Kristallen oder Kristallbruchstücken von Quarz, Biotit und Feldspat (Plagioklas und Kalifeldspat) bestehen.

Kalke und Kieselkalke können in den hangenden Partien der Büchenberg-Fazies beobachtet werden, meist handelt es sich um blaugraue bis mehrere dm-große Konkretionen, seltener um Bänke.

1.3. Das Alter der Kulmkieselschiefer am Elbingeröder Komplex und die Beziehungen der Ahrendfeld- zur Büchenberg-Fazies

Nach den Angaben von LUTZENS & ZIMMERMANN (1969) setzt die Sedimentation der Kulmkieselschiefer im Dinant I (cu I) ein. Dabei tritt ab dem (höheren) Dinant I die Ahrendfeld-Fazies auf; das Auftreten der Büchenberg-Fazies im Dinant II (α) wurde in der Bohrung Stahlberg 1/65 nachgewiesen.

Die stratigraphische Verbreitung der Ahrendfeld-Fazies läßt sich nach Fossilfunden (Conodonten) (ALBERTI, zitiert in SCHRIEL & STOPPEL 1959, REICHSTEIN 1964) bis in die tiefere bis mittlere *Pericyclus*-Stufe (cu IIβ—γ) verfolgen. Die Büchenberg-Fazies lieferte jüngste Faunen, die dem cu IIδ angehören (ZÖLLICH 1939, SCHMIDT 1941, WEYER 1960, 1968).

Über den Kulmkieselschiefern lagern die Kulmtonschiefer, die in das Dinant IIIα eingestuft werden (WEYER 1960, 1968 u. a.). In allen bisher zugänglichen Aufschlüssen wurde die Ahrendfeld-Fazies im Liegenden der Büchenberg-Fazies angetroffen. Beide petrofaziellen Typen treten zumindest in Teilen des Dinants II nebeneinander auf. REICHSTEIN (1959) weist auf die Orientierung der Büchenberg-Fazies zum Elbingeröder Komplex hin. Die obenbeschriebenen Fakten lassen sich zwanglos in Abb. 1 schematisch darstellen.

1.4. Das Bildungsmilieu der Ahrendfeld-Fazies

Der Gehalt an feindispersen bzw. in Konkretionen angereicherten Eisensulfiden, gelegentlich auch Kupfersulfiden, das Fehlen jeglicher Spuren benthonischer Lebewesen wie auch die kohlige Pigmentierung der Sedimente lassen die Deutung zu, daß die Ahrendfeld-Kieselschiefer unter den Bedingungen der Schwarzschiefer-Fazies gebildet wurden. Von EL TARABILI (1962) wird das Milieu der Schwarzschiefer-Fazies nach THEODOROVICH, KRUMBEIN & GARRELS und anderen durch pH-Werte von 5—6,6 charakterisiert. Das Redoxpotential dürfte mit Eh-Werten von —0,35 bis —0,2 Volt der H_2S-Zone BORCHERTs (1959, 1960) entsprechen.

1.5. Das Bildungsmilieu der Büchenberg-Fazies

Die Büchenberg-Fazies geht unter Abnahme des kohligen Pigments und der sedimentären Eisensulfide aus der liegenden Ahrendfeld-Fazies hervor. Im unteren Teil der Büchenberg-Fazies lassen sich noch Rückfälle zur Schwarzschiefersedimentation der Ahrendfeld-Fazies durch Auftreten sulfidführender kohlig pigmentierter Bänke nachweisen (MUCKE 1964).

Der von WEYER (1960, 1968), SCHIMANSKI (1960, 1969) und MUCKE (1964) beschriebene Transgressionshorizont an der Basis der Büchenberg-Serie dürfte nur eine lokale Erscheinung sein, da er sich nicht in allen Gebieten, wo die Büchenberg-Fazies auftritt, nachweisen läßt. Der Karbonatgehalt der Büchenberg-Fazies ist im Vergleich zur Ahrendfeld-Fazies erhöht.

Das Zurücktreten der Eisensulfide und der kohligen Pigmentierung, spärliche Fossilfunde (KOCH 1895, ZÖLLICH 1939) und auch der höhere Karbonatanteil sprechen für ein Bildungsmilieu, das der CO_2-Zone nach BORCHERT (1959, 1960) mit pH-Werten von 6—7,5 und

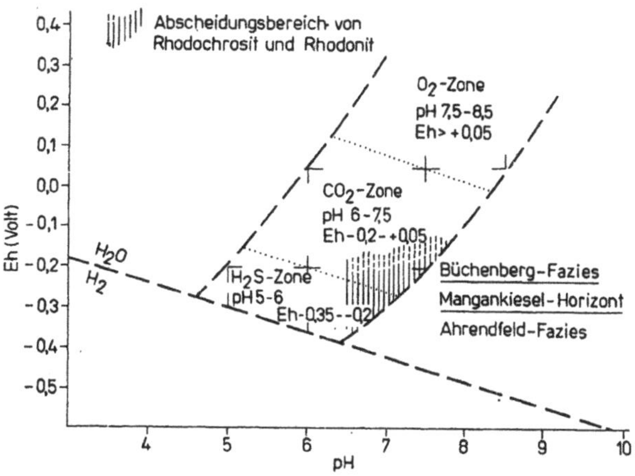

Abb. 2. Eh—pH-Diagramm zur Milieuentwicklung der Kulmkieselschiefer mit Kennzeichnung des Ausfällungsbereichs von Rhodonit und Rhodochrosit

Eh-Werten von —0,2 bis +0,05 entspricht. Das wirksame Agenz der CO_2-Zone ist das HCO_3^- (BORCHERT).

Die Milieuentwicklung der Kulmkieselschiefer läßt sich im Eh—pH-Diagramm darstellen (s. Abb. 2).

2. Der Mangankiesel-Horizont

2.1. Petrographische und mineralogische Beschreibung des Mangankiesel-Horizonts

In allen z. Z. bekannten Aufschlüssen liegt der Mangankiesel-Horizont im Grenzbereich Ahrendfeld-/Büchenberg-Fazies (vgl. HAAGE 1964, MUCKE 1964). Seine Mächtigkeit schwankt entsprechend den bisherigen Beobachtungen zwischen 0 und 10 m. Unter dem Begriff „Mangankiesel" versteht HAAGE (1962) Kieselschiefer mit (auffälliger) Manganmineralisation. Neben Quarz, Tonmineralen und wenig Kalziumkarbonat treten als Manganminerale Rhodonit, Rhodochrosit, Bustamit (?) und vermutlich Manganhydrosilikate auf. Auf Grund der Feinkörnigkeit der Mangankiesel ist eine mikroskopische Identifizierung der einzelnen Manganminerale erschwert (vgl. HAAGE 1962).

Tab. Chemische Teilanalysen von 6 Mangankieselproben aus dem Mangankiesel-Horizont im Schävenholz bei Elbingerode

	I	II	III	IV	V	VI
SiO_2	44,3	40,7	46,8	53,6	42,7	28,2
Fe_2O_3	1,0	0,9	1,0	0,7	0,3	0,4
FeO	n. b.	n. b.	n. b.	n. b.	0,2	0,5
MnO	38,6	42,3	37,3	29,0	39,0	40,5
CaO	1,1	1,4	0,6	1,5	3,9	1,4
MgO	n. b.	n. b.	n. b.	n. b.	1,0	1,1
CO_2	6,0	9,9	6,6	9,7	1,6	11,0
H_2O^-	0,6	0,4	0,5	0,3	0,2	0,2
H_2O^+	3,6	2,3	3,6	1,9	3,1	5,7
S	n. b.	n. b.	n. b.	n. b.	0,1	0,1
C	n. b.	n. b.	n. b.	n. b.	0,5	1,4
Rest, vor allem Al_2O_3					7,6	9,5
Rest, vor allem Al_2O_3 und MgO	4,8	2,1	3,6	3,3		

n. b. = nicht bestimmt

In seiner chemischen Zusammensetzung (vgl. Tab.) ist das „Manganerz" vor allem durch niedrige Fe-Gehalte charakterisiert. Das durch die chemischen Analysen nachgewiesene gebundene Wasser wird zum Teil Manganhydrosilikaten zugeschrieben, sie dürften Zwischenglieder bei der Umsetzung des Silikats zum Oxid darstellen.

Die „Manganerze" sind deutlich geschichtet, ein unruhiger Schichtungstyp herrscht vor. Mangankarbonate wechsellagern mit Mangansilikaten teilweise so feinschichtig, daß bei kleinstem Abstand der Lagen ein homogenes Gemisch von Karbonat und Silikat resultiert. Neben der massigen geschichteten Ausbildung treten auch Silikat- oder Karbonatsphärolithe und schalige Karbonatkörner auf. Die Sphäroide können sich durch Häufung zu dichten Lagen vereinigen (Abb. 5). Zum Teil treten auch Karbonatflecken unterschiedlicher Größe mit aufgelockerter oder scharfer Begrenzung im Mangankiesel auf. Gelartige Strukturen können gelegentlich angetroffen werden.

Die im umgebenden Tonschiefer-Kieselschiefer-Gestein auftetenden Bänder feinkörniger Mangansilikate und -karbonate zeigen deutliche Schwundrisse, die heute mit Quarz und untergeordnet mit Kalkspat verheilt sind (Abb. 4). Nur in mächtigeren Manganminerallagen treten direkt ablesbare Merkmale eines Volumenschwunds zurück.

Der vertikale Aufbau der Erzkörper zeigt die Tendenz, daß die Silikate basal stärker hervortreten, daß nach dem Hangenden zu die Silikate durch Karbonate zurückgedrängt werden, ohne daß sich der Karbonatanteil im Gesamtprofil wesentlich ändert.

3. Zur Genese des Mangankiesel-Horizonts

3.1. Zur Paragenese Rhodonit—Rhodochrosit und zum Charakter der zugeführten Manganlösung

Durch Strukturuntersuchungen am Rhodonit kamen LIEBAU, HILMER & LINDEMANN (1959) zu einer Formel, die wie folgt ausgedrückt wird:

$$(Mn, Mg)_{1-x} \cdot Ca_x \cdot SiO_3 \quad (0 \geqq x \leqq 0{,}2)$$

Da nach diesen Autoren die Lage der Si-Atome im Rhodonit ergibt, daß kettenförmige Anionen parallel der c-Achse mit einer Kettenperiode von 5 SiO_4-Tetraedern vorliegen und daß weiterhin das Magnesium sowohl das Mangan auf Grund seines Kationenradius als auch Kalzium (dessen ständiger Begleiter es ist) durch seine Elektronenkonfiguration ersetzen kann und daß das Eisen auf Grund seines Kationenradius Mangan ersetzen kann, ist die Formel für den Rhodonit vollständiger und präziser zu schreiben als

$$[Mn_{Fe, Mg\,1-x} \cdot Ca_{Mg\,x}]_5\,[Si_5O_{15}] \quad 0 \geqq x \leqq 0{,}2$$

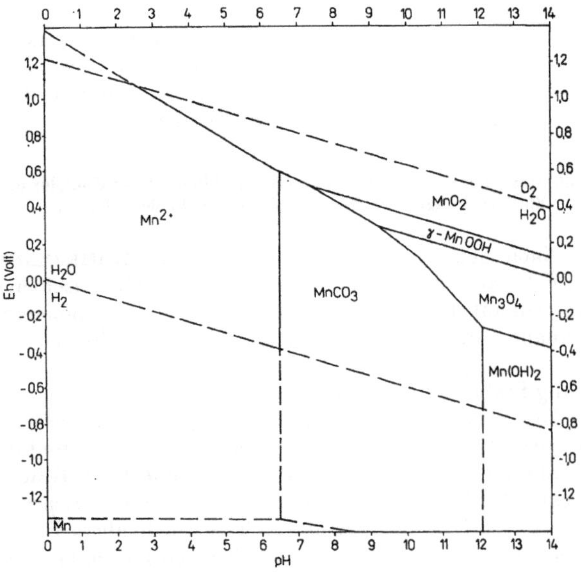

Abb. 3. Stabilitätsbeziehungen zwischen einigen Manganverbindungen im System $Mn—CO_2—H_2O—Si$ bei 25 °C und 1 atm Gesamtdruck

Aktivitäten: Σ Mn $= 10^{-5}$ $\Sigma[H_2CO_3] + [HCO_3^-] + [CO_3^{2-}] = 10^{-2}$, Σ Si $= 10^{-4}$ (Autor: H. UNGETHÜM)

Abb. 4. Wechsellagerung von kieseligen Tonsteinen und vorherrschenden Mangankarbonat- und -silikatlagen.
Die manganführenden Lagen sind stärker von quarzverheilten Rissen durchsetzt. An Sprüngen, die teils mit Quarz verheilt sind, ist das sedimentäre Gefüge versetzt.

LIEBAU, HILMER & LINDEMANN (1959) denken an eine magmatische Entstehung des Rhodonits:

„Das läßt sich damit erklären, daß das Magma, aus dem der Rhodonit auskristallisiert ist, einen Ca-Überschuß besessen hat, so daß der ausgeschiedene Rhodonit die maximal mögliche Menge Kalzium enthält. Nur aus sehr Ca-armen Magmen kann ein Rhodonit mit einem Verhältnis Mn:Ca $>$ 4:1 entstehen."

Wenn auch die Verbindung $MnSiO_3$ (mit Rhodonitgitter) heute im Labor aus MnO und SiO_2 bei 1160 °C hergestellt wird (LIEBAU, SPRUNG & THILO 1958), ist gleiches für die Bildung von Rhodonit nicht bindend. Es sind heute Beispiele bekannt, wonach Silikate auf kaltem Wege bei diagenetischen Vorgängen gebildet werden.

Gegen eine magmatische Bildung spricht auch die definierte Zusammensetzung des Rhodonits als Mn–Ca-Silikat; denn es müßte dann an verschiedenen Lokalitäten der Erde (wo der Rhodonit in bedeutenden Mengen auftritt) eine magmatische „Spezialrestlösung" angenommen werden, deren Ca- auf das Mn-Angebot (genau) abgestimmt wäre (bei Ca-Überschuß ist anzunehmen, daß sich vorwiegend Bustamit und Wollastonit ähnliche Minerale bilden) und dazu noch in bezug auf Fe, Mg und andere Elemente eine bestimmte Stellung einnehmen müßte.

Rhodochrosit (Manganspat) besitzt die chemische Formel

$$(Mn_{Fe, Mg} \cdot Ca_{Mg})\, CO_3$$

Mangankarbonat ist im stärker sauren Bereich nicht stabil. Die Dissoziation des Mangankarbonats setzt schon bei Temperaturen unter 100 °C ein.

In den Kulmkieselschiefern am Elbingeröder Komplex treten Rhodonit und Rhodochrosit als einzige gesteinsbildende Minerale des Erzkörpers auf. Bustamit tritt zurück, die Manganhydrosilikate werden, abgesehen von der Möglichkeit ihres primären Vorhandenseins, als sauerstofffreie Verwitterungs- und Umbildungsstadien des Rhodonits angesehen.

Die Frage, in welcher Form das Mangan dem Mineralisations- bzw. Akkumulationsort zugeführt wurde, kann formal verschieden beantwortet werden:

1. Mangansilikat wurde zugeführt, von diesem setzte sich ein Teil zu Mangankarbonat um.
2. Mangankarbonat wurde zugeführt, von diesem setzte sich ein Teil zu Mangansilikat um.
3. Mangankarbonat und -silikat wurden gemeinsam zugeführt.
4. Es wurde eine Manganverbindung zugeführt, aus der sich sowohl das Silikat als auch das Karbonat bilden konnten.

Bei Beantwortung dieser Frage muß die These zugrunde gelegt werden, daß das Mangan wie auch die Kieselsäure der Kieselschiefer vulkanischen Ursprungs sind (HAAGE 1964, SCHWAN 1952 und andere). Auf welche Weise das Mangan im vulkanischen Liefergebiet frei wurde, soll hier nicht erörtert werden; dem heutigen Stand der Kenntnis entsprechend (HAAGE 1964) ist dies am besten durch Annahme von submarin austretenden Thermen (an den initialen Vulkanismus gebunden) zu erklären, die SiO_2, Mn und andere Stoffe führten.

Der Milieuentwicklung der Kulmkieselschiefer entsprechend hatte die vulkanisch geförderte Lösung sauren und reduzierenden Charakter, was etwa dem sauersten und reduzierendsten Bereich der H_2S-Zone entsprechen könnte.

In solchem Milieu ist Mangankarbonat nicht stabil; es kann also kein Mangan in karbonatischer Form dem Akkumulationsort zugeführt werden. Wenn nach den oben dargelegten Fakten und Überlegungen Mangansilikat und Mangankarbonat als Zufuhrstoffe nicht in Frage kommen, bleibt nur die Möglichkeit, daß eine Manganverbindung zugeführt wurde, aus der sich sowohl das Mangankarbonat als auch das Mangansilikat bilden konnten und die im sauren und reduzierenden Milieu stabil und leicht löslich sein muß.

Unter sauren und reduzierenden Bedingungen ist nur das Mangan(II)-chlorid ($MnCl_2$) leicht löslich (bei 20 °C, 73,5 g $MnCl_2$ in 100 g H_2O nach D'ANS & LAX 1949) und stabil.

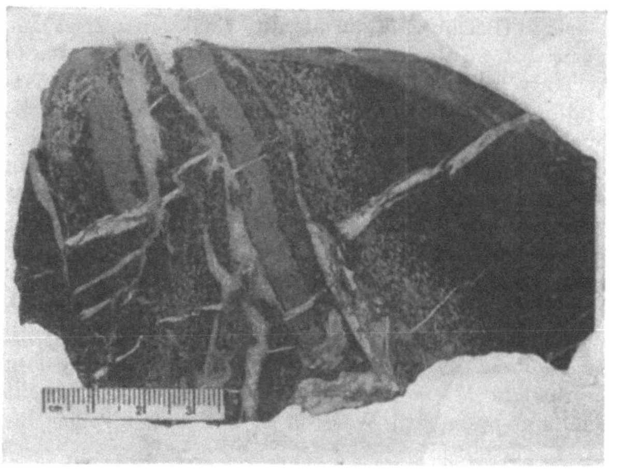

Abb. 5. Sphärolithische Ausbildung des Mangan-Horizonts, die Sphäroide bilden durch Häufung dichte Lagen.

BERGER (1968) gibt unter gleichen Bedingungen (reduzierendes und saures Milieu) noch folgende Verbindungen als leicht löslich an:

$MnSO_4$	(bei 20°	62,9 g/100 g Wasser),
$Mn(HCO_3)_2$	(bei 18°	0,08 g/100 g Wasser bei 56 atm CO_2),
$MnCO_3$	(bei 18°	0,04 g/100 g Wasser),
MnS	(bei 18°	$0{,}61 \cdot 10^{-3}$ g/100 g Wasser),
$Mn(OH)_2$	(bei 20°	$0{,}4 \cdot 10^{-3}$ g/100 g Wasser).*

*) Die Werte der Löslichkeiten wurden nach D'ANS & LAX (1949) wiedergegeben.

Nach Ansicht des Verf. scheiden diese Verbindungen als Zufuhrlösungen aus, weil sie im sauren und reduzierenden Bereich nicht stabil sind und $Mn(HCO_3)_2$, $MnCO_3$, MnS und $Mn(OH)_2$ eine kleine Löslichkeitskonstante besitzen. Diese letzteren Verbindungen stellen im entsprechenden Eh-pH-Bereich Fällungsformen dar, als die sie heute auch als Minerale zu finden sind.

3.2. Zur Ausfällung und Platznahme der Manganverbindungen

a) Rhodochrosit

Der Mangananreicherungshorizont liegt in den Kulmkieselschiefern im Grenzbereich Ahrendfeld-/Büchenberg-Fazies, also im Grenzbereich H_2S-/CO_2-Zone. Hier befindet sich das Eisen nicht mehr in Lösung, da es infolge der Oxydation zu Fe^{3+} als Eisenhydroxid bzw. Eisenoxid früher ausgefällt wurde. Läßt man mit BORCHERT (1959, 1960) die CO_2-Zone bei pH 6,0 beginnen, so existieren in dieser Zone in Abhängigkeit vom pH-Wert zwei Kohlensäurederivate:

H_2CO_3 unterhalb pH 6,4 und

HCO_3^- von pH 6,4 bis pH 10,3.

Im Bereich unterhalb pH 6,4 verläuft die Mangankarbonatbildung nach der Gleichung:

$$Mn^{2+} + H_2CO_3 \leftrightharpoons MnCO_3 + 2H^+ \qquad (1)$$

woraus nach thermodynamischer Auswertung[1]) der Gleichung (1) folgt:

$$\log [Mn^{2+}] = 5{,}85 - \log [H_2CO_3] - 2\,pH \qquad (2)$$

Die in Gleichung (1) formulierte Reaktion besitzt eine positive freie Reaktionsenthalpie ($\Delta G_R{}^\circ = 8{,}0$ kcal) und verläuft bevorzugt von rechts nach links. Karbonatbildung kann also nur erfolgen, wenn sowohl Mn^{2+} als auch H_2CO_3 stark angereichert sind.

Eine relativ hohe Konzentration von HCO_3^- kann insofern angenommen werden, als Kalziumkarbonate während der Ausbildung der Büchenberg-Fazies zur Ausfällung gelangten. Die Konzentration dürfte mit etwa $[HCO_3^-] = 10^{-2}$ Mol/l anzusetzen sein.

Die Konzentration des gelösten Mangans wird nach überschläglicher Schätzung mit $[Mn^{2+}] = 10^{-5}$ Mol/l angenommen, was etwa der 10fachen Menge des im (normalen) Meerwasser gelösten Mangans und direkt den manganreichen Wässern in den tiefen Teilen des Schwarzen Meeres (0,5 mg/l; MOKIJEWSKAJA 1961) entspricht. Bei einer Vorgabe von $[Mn^{2+}] = 10^{-5}$ Mol/l findet nach Gleichung (2) eine Mangankarbonatbildung nur bei hohen Gehalten von H_2CO_3 statt:

Bei Anwesenheit von 1 Mol/l H_2CO_3 erfolgt Karbonatbildung oberhalb pH 5,4.

Bei Anwesenheit von 10^{-1} Mol/l H_2CO_3 erfolgt Karbonatbildung oberhalb pH 5,9.

Oberhalb pH 6,4 geht die Karbonatbildung nach folgender Gleichung vor sich:

$$Mn^{2+} + HCO_3^- \leftrightharpoons MnCO_3 + H^+ \qquad (3)$$

Nach thermodynamischer Auswertung der Gleichung (3) erhält man

$$\log [Mn^{2+}] = -0{,}51 - \log [HCO_3^-] - pH \qquad (4)$$

Mit Hilfe der Gleichung (4) lassen sich folgende Aussagen über die Bildungsbedingungen des Mangankarbonats machen:

Bei einer Mangankonzentration von $[Mn^{2+}] = 10^{-5}$ Mol/l erfolgt eine Karbonatabscheidung

bei pH 6,5, wenn eine Konzentration von 10^{-2} Mol/l HCO_3^- vorliegt,

bei pH 7,5, wenn eine Konzentration von 10^{-3} Mol/l HCO_3^- vorliegt,

bei pH 8,5, wenn eine Konzentration von 10^{-4} Mol/l HCO_3^- vorliegt,

bei pH 9,5, wenn eine Konzentration von 10^{-5} Mol/l HCO_3^- vorliegt.

Bei einer Konzentration von $[Mn^{2+}] = 10^{-5}$ Mol/l und $[HCO_3^-] = 10^{-2}$ Mol/l fällt somit bei einem pH-Wert der Lösung ab 6,5 Mangankarbonat aus (vgl. Abb. 3).

Bei der Reaktion mit Hydrogenkarbonaten fällt das Mangan als $MnCO_3 \cdot H_2O$ aus. Die Umwandlung in das wasserfreie Karbonat erfolgt erst während der Diagenese. Die Wasserabgabe ist mit einem Substanzverlust verbunden, der zu Schwundrissen im Sediment führt. Diese Risse sind heute mit Quarz, untergeordnet auch Kalkspat, verheilt (Abb. 4).

b) Rhodonit

TALIAFERRO (1943, S. 298) hält es für möglich, daß Mangankarbonat mit der Kieselsäure nach der Gleichung

$$MnCO_3 + SiO_2 \rightarrow MnSiO_3 + CO_2$$

reagiert. Einmal kann diese Gleichung das definierte Mn/Ca-Verhältnis im Rhodonit nur schwer erklären, zum anderen wäre entsprechend der Konzentration der reagierenden Substanzen ein festes Verhältnis $MnCO_3$: $MnSiO_3$: SiO_2 zu erwarten.

Die Ausfällung von SiO_2 aus wäßrigen Lösungen geht von der Orthokieselsäure aus, die durch kontinuierliche Abspaltung von Wasser in das Endkondensat übergeführt wird:

H_4SiO_4	Orthokieselsäure,
$H_6Si_2O_7$	Orthodikieselsäure,
$(H_2SiO_3)n$	Metakieselsäuren,
SiO_2	Siliziumdioxid.

[1]) Die thermodynamische Auswertung der Gleichungen wurde von Dr. H. UNGETHÜM, ZGI, Berlin, durchgeführt. Auch für kritische Hinweise ist ihm Verf. zu Dank verpflichtet.

Von der Orthokieselsäure zum Siliziumdioxid hin nimmt die Löslichkeit des Kieselsäurekondensats im Wasser ab. Nach diesem Prinzip vollzieht sich die Ausfällung der Kieselsäure in den Kieselschiefern.

Die chemische Formel des Rhodonits $(Mn_4Ca) \times (Si_5O_{15})$ läßt vermuten, daß das Kalzium bei der Bildung dieses Silikats eine Rolle spielte, d. h., daß die Anwesenheit von Kalzium wahrscheinlich die Voraussetzung für die Bildung von Rhodonit ist. Das Kalzium tritt in bedeutenderen Mengen erst mit Beginn der CO_2-Zone auf, da das HCO_3^- hauptsächlich an Kalzium gebunden sein dürfte. Ausgehend von der Orthokieselsäure erhält man durch Abspaltung von Wasser (im natürlichen System spielen sich die weiter unten dargestellten Vorgänge wesentlich komplexer ab, dürften aber auf das gleiche Resultat hinzielen):

H_4SiO_4,
$H_6Si_2O_7$,
$H_8Si_3O_{10}$,
$H_{10}Si_4O_{13}$,
$H_{12}Si_5O_{16}$.

Strukturell vollzieht sich die Kondensation durch Abführung der an das Si-Atom gebundenen OH-Gruppen und Einbau von O zwischen die Si-Atome $(Si(OH)_4 \rightarrow Si(\frac{1}{2}O)_4)$. Da kein Raummangel herrscht, ist anzunehmen, daß sich eine Kette ausbildet.

H_4SiO_4

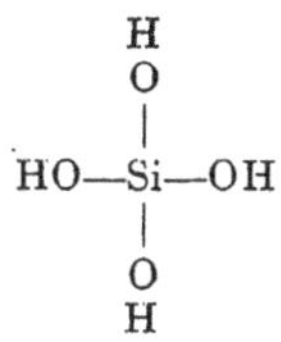

Nach den Angaben von THILO (1967) ist die molekular gelöste Kieselsäure im pH-Bereich zwischen 2 und 3 besonders stabil. Mit Ansteigen des pH-Wertes der Lösung neigt die Kieselsäure zur Kondensation. WILLSTÄTTER (in RÉMY 1960, S. 585) gibt an, daß die Geschwindigkeit, mit der die Teilchenvergrößerung (= Kondensation) erfolgt, erheblich von der H-Ionenkonzentration abhängt.

$H_6Si_2O_7$

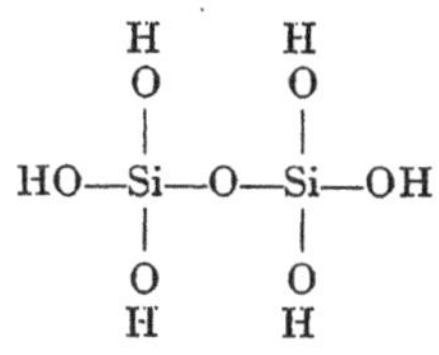

$H_8Si_3O_{10}$

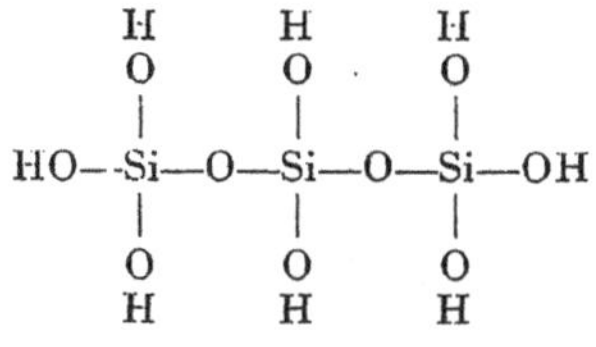

Im Stadium $H_8Si_3O_{10}$ kann es durch die Sonderstellung des mittleren Si-Atoms möglich sein, daß Ca eingebaut wird, dieser Einbau wird eventuell auch durch die bestehende Gitterweite des Moleküls begünstigt.

$CaH_6Si_3O_{10}$

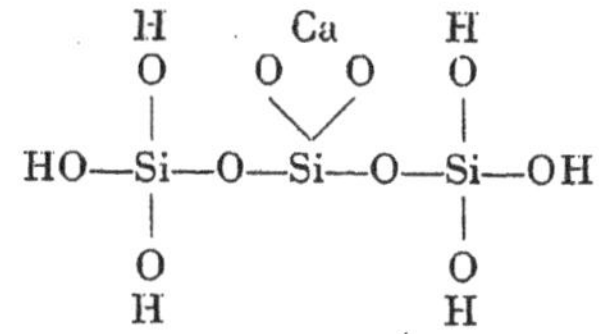

Durch weitere Dehydratisierung folgt:

$CaH_8Si_5O_{15}$

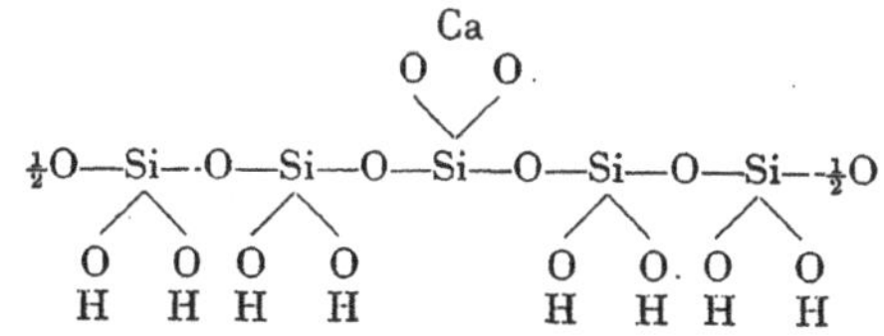

Durch diese Dehydratisierung verringern sich die Abstände zwischen den SiO_4-Tetraedern weiter und befähigen nun das im Verhältnis zum Kalzium- (1,06 Å) kleinere Mangan-Ion (0,91 Å), in das Gitter einzudringen. Durch den Einbau des Mangans, der im Austausch gegen die H-Ionen erfolgt, wird das Molekül in das Endkondensat übergeführt und stabilisiert.

$CaMn_4(Si_5O_{15})$

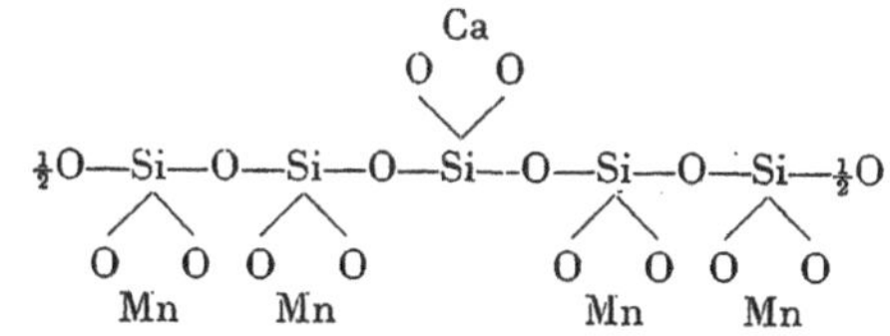

Wenn bei der Modifikation, die den Einbau des Ca ermöglichte, nicht alle Stellen mit Ca besetzt wurden, ist das nun, im „Mn-Stadium", durch Mangan möglich, so daß damit durchaus das Verhältnis Ca:Mn von 0,2 bis kleiner als 0,2 schwanken kann. Zur Aufnahme von Kalzium scheint die sich kondensierende Kieselsäure nur unter bestimmten Eh- oder/und pH-Bedingungen, d. h. in einem bestimmten Milieu, befähigt zu sein, da andererseits auch Wechsellagerungen von Kalk und Kieselschiefer (z. B. REICHSTEIN 1962, S. 18) bekannt sind, in deren Profil keine Kalzium-Hydrosilikate auftreten. Wie die Untersuchungsergebnisse von KOHLSCHÜTTER u. a. (1959a, 1959b, 1963) zeigen, können auch Konzentrationsverhältnisse der (Metall-)Lösungen insofern eine Rolle spielen, als die Anionen der sich in stark verdünnten Lösungen bildenden Hydroxokomplexe von Kieselgelen gut aufgenommen werden. In bezug auf das Mangan kann mit der Möglichkeit gerechnet werden, daß durch die kontinuierliche Verringerung der Aktivität des gelösten Mangans zum Karbonat hin das Mangan größere Bereitschaft zeigt, Verbindungen einzugehen bzw. sich von Kieselgelen einfangen zu lassen.

Die auch beim Rhodonit zu beobachtenden Schwundrisse lassen sich zwanglos als Folge der fortschreitenden Dehydratisierung des Silikats deuten.

Nach den obigen Ausführungen kann somit bei Anwesenheit der zur Abbindung erforderlichen Kieselsäure eine gleichzeitige Bildung von Rhodonit und Rhodochrosit in einem bestimmten physikochemischen Milieu erfolgen.

Die Milieugrenze zwischen der H_2S- und der CO_2-Zone kann innerhalb des Sedimentationsraums einen weiten Bereich haben; die Bereichsgrenzen liegen entsprechend Abb. 2 etwa an den Punkten pH 5,2/Eh —0,15 und pH 7,1/Eh —0,25.

Bei Voraussetzung von natürlichen Mangankonzentrationen kann eine Umsetzung des Mangan(II)-Chlorids in eine schwerlösliche Manganverbindung (Mangankarbonat) erst ab etwa pH 6,5 erfolgen. Schwerlösliche Manganverbindungen können damit nur im basischeren Teil der Grenze Ahrendfeld-/Büchenberg-Fazies ausfallen. Neben der weiteren modifizierenden Wirkung von Intrastrukturen der Geosynklinale (kleinere Sättel und Mulden) kann dieser Umstand als erzlokalisierender Faktor bzw. lokal erzkontrollierender Faktor im Sinne von TISCHENDORF (1968) angesehen werden.

Ob die Kieselschiefer als regional erzkontrollierender Faktor angesehen werden können, d. h., ob jede an den initialen Vulkanismus geknüpfte Kieselsäuretherme auch Mangan führte, bleibt weiteren Untersuchungen vorbehalten.

Zusammenfassung

Nach einer kurzen Beschreibung der Kulmkieselschiefer am Elbingeröder Komplex und der darin auftretenden Manganmineralisation wird, auf dem Bildungsmilieu der Kieselschiefer aufbauend, die Genese der Manganenanreicherungen erörtert. Ausgehend von einer zugeführten $MnCl_2$-Lösung wird der physikochemische Bildungs- und Ausfällungsbereich für Rhodonit und Rhodochrosit angegeben und als erzkonzentrierender Faktor angesehen.

Резюме

После краткого описания кремнистого сланца кульма Эльбингерёдеского комплекса и встречающейся там минерализации мангана на основе среды образования кремнистого сланца разъясняется генезис манганового обогащения. При условии поступления раствора $MnCl_2$ указывается физико-химическая область образования и осаждения родонита и родохрозита, и эта область рассматривается как рудоконцентрирующий фактор.

Summary

A brief description of siliceous slates from the Culm of the complex of Elbingerode, and of the mineralization of manganese occurring in it, is followed by a discussion of the genesis of enrichments of manganese on basis of the surroundings of formation of siliceous slates. A solution of $MnCl_2$ is added, giving the physico-chemical ranges of formation and precipitation for rhodonite and rhodochrosite and considering them as an ore-concentrating factor.

Literatur

BERGER, A.: Zur Geochemie und Lagerstättenkunde des Mangans. — Clausthaler H. Lagerstättenkde. u. Geochemie, 7, Stuttgart 1968.

D'ANS J., & E. LAX: Taschenbuch für Chemiker und Physiker. — 2. Aufl., Berlin—Göttingen—Heidelberg 1949.

DORR, V. N., I. S. SOARES & A. HOREN: The manganese deposits of Minas Gerais, Brazil. — Symposium sobre Yacimientos de manganeso, Tomo III, 279—346, Mexiko 1956.

EL-TARABILI, E.-S.: Geologie des Devons und Kulms im Nordwestflügel der Sösemulde (Oberharz) unter besonderer Berücksichtigung der Petrographie der Kulmkieselschiefer. — Roemeriana, 5, Clausthal-Zellerfeld 1962.

ERDMANNSDÖRFFER, O. H.: Erläuterungen zur Geologischen Karte von Preußen, Lieferung 240, Blatt Elbingerode. — Berlin 1926.

HAAGE, R.: Beitrag zur Genese des Kieselschiefer-Mangankieselvorkommens im Schävenholz bei Elbingerode/Harz. — Unveröff. Diss., Univ. Halle, Halle 1962.

— Beitrag zur Genese des Kieselschiefer-Mangankieselvorkommens im Schävenholz bei Elbingerode (Harz). — Ber. geol. Ges. DDR, 9, 567 bis 580, Berlin 1964 [1964a].

— Beitrag zur Petrographie des Kieselschiefer-Mangankieselvorkommens im Schävenholz bei Elbingerode (Harz). — Wiss. Z. Univ. Halle, XIII/64 M, 3, 215—226, Halle 1964 [1964b].

HOSS, H.: Untersuchungen über die Petrographie kulmischer Kieselschiefer. — Heidelberger Beitr. Mineral. Petrogr., 6, 59—88 (1957).

HOYER, B.: Beiträge zur Kenntnis der Manganerzlagerstätten in der spanischen Provinz Huelva. — Z. prakt. Geol., 19, 407—432, Berlin 1911.

HUMMEL, K.: Über Manganerze im Kulm des Kellerwaldes. — Z. prakt. Geol., 31, 89—93, Berlin 1923.

KLOCKMANN, F.: Mitteilung über Aufnahmen im Oberharz. — Jb. preuß. geol. Landesanst., 1884, XV, S. XXXII, Berlin 1885.

KOCH, M.: Gliederung und Bau der Culm- und Devonablagerungen des Hartenberg-Büchenberger Sattels nördlich von Elbingerode im Harz. — Jb. preuß. geol. Landesanst., 1895, 16, 131—164, Berlin 1896.

KOHLSCHÜTTER, H. W., & H. GETROST: Trennungen von Kationen an der Silicagel-Säule. — Z. analyt. Chemie, 167, 264—268, München 1959.

KOHLSCHÜTTER, H. W., S. MIEDTANK & H. GETROST: Die Trennungen Al—Ca und Al—Zn an der Silicagelsäule. — Z. analyt. Chemie, 192, 381 bis 386, München 1963.

KOHLSCHÜTTER, H. W., H. GETROST, G. HOFMANN & H. H. STAMM: Zur Anwendung von Trennsäulen in der analytischen Chemie. — Z. analyt. Chemie, 166, 262—273, München 1959.

LIEBAU, F., W. HILMER & G. LINDEMANN: Über die Kristallstruktur des Rhodonits (Mn, Ca) SiO_3. — Acta Cryst., 12, 182—187, Kopenhagen 1959.

LIEBAU, F., M. SPRUNG & E. THILO: Chemische Untersuchungen von Silikaten XXIII — Über das System $MnSiO_3—Ca\,Mn(SiO_3)_2$. — Z. anorg. u. allg. Chemie, 279, 213—225, Leipzig 1958.

LUTZENS, H., & G. ZIMMERMANN: Zur Oberdevon/Unterkarbon-Grenze im Elbingeröder Komplex (Harz). — Geologie, 18, 2, 133—138, Berlin 1969.

MOKIJEWSKAJA, W. W.: Mangan im Wasser des Schwarzen Meeres. — Dokl. Akad. nauk SSSR, 137, 1445—1447, Moskau 1961.

MUCKE, D.: Der unterkarbonische Magmatismus im Elbingeröder Komplex. — Unveröff. Dipl.-Arb., Freiberg 1964.

REICHSTEIN, M.: Die fazielle Sonderentwicklung im Elbingeröder Raum des Harzes. — Geologie, 8, 1, 13—46, Berlin 1959.

— Die Stratigraphie der Hercynkalke bei Güntersberge im Unterharz und das Problem der Hercynkalkentstehung. — Geologie, Beih. 34, Berlin 1962.

— Zur frühvariscischen Reliefentwicklung im Mittelharz. — Ber. geol. Ges. DDR, 9, 551—565, Berlin 1964.

REMY, H.: Lehrbuch der Anorganischen Chemie, Bd. I. — Leipzig 1960.

SCHIMANSKI, W.: Fazielle und stratigraphische Untersuchungen im Oberdevon und Kulm der Südostflanke des Braunesumpf-Sattels (Elbingeröder Komplex/Harz). — Unveröff. Dipl.-Arb., Univ. Halle, Halle 1960.

— Ergebnisse stratigraphisch-fazieller Untersuchungen im Oberdevon und Unterkarbon an der SE-Flanke des Elbingeröder Komplexes (Harz). — Hercynia, 6, 1, 47—56, Leipzig 1969.

SCHMIDT, H.: Eine neue Fauna mit Pericyclus von Riefensbeek im Harz. — Jb. Reichsanst. Bodenforsch., 60, 148—156, Berlin 1941.

SCHRIEL, W., & D. STOPPEL: Acker—Bruchberg- und Kellerwald-Stratigraphie und Tektonik. — Z. dt. geol. Ges., 110, 260—292, Hannover 1958.

SCHWAN, W.: Geologisches Auftreten und Entstehung der Kieselschiefer (Lydite). — Geologica, 11, 115—134, Berlin 1952.

STRACZEK, J. A., M. R. SUBRAMANYAM, S. NARAYANSWAMI, K. D. SHUKLA, N. A. VEMBAN, S. C. CHAKRAVARTY & V. VENKATESH: Manganese ore of Madhya Pradesh, India. — Symposium del manganeso, XX congresso geologico international, Tomo IV, 63—96, Mexiko 1956.

STRAUSS, K.: Zur Geologie der SW-Iberischen Kiesprovinz und ihrer Lagerstätten, mit besonderer Berücksichtigung der Pyritgrube Lousal/Portugal. — Veröff. Diss. München, München 1965.

TALIAFERRO, N. L.: Manganese deposits of the Sierra Nevada, their genesis and metamorphism. — Calif. Div. Mines Bull., 125, 277—332, San Francisco 1943.

THILO, E.: Neue Ergebnisse aus dem Gebiet der Silikatchemie. — Silikattechnik, 18, 6, 171—176, Berlin 1967.

TISCHENDORF, G.: Das System der metallogenetischen Faktoren und Indikatoren bei der Prognose und Suche endogener Zinnlagerstätten. — Z. angew. Geol., 14, 393—405, Berlin 1968.

WEYER, D.: Stratigraphische Untersuchungen im Givet, Oberdevon und Kulm des Büchenbergsattels (Elbingeröder Komplex/Harz). — Unveröff. Dipl.-Arb., Univ. Halle, Halle 1960.

— Das Alter der Büchenberg-Kieselschiefer (Unterkarbon) am Büchenberg-Sattel im Elbingeröder Komplex (Harz). — Hercynia, 5, 2, 193—200, Leipzig 1968.

ZÖLLICH, M.: Zur Deckenfrage im Mittelharz. — Abh. preuß. geol. Landesanst., N. F., 191, Berlin 1939.

Vorschläge zur Bezeichnung und Definition erzführender Flächen

E. T. SCHATALOW, Moskau

I. Vorliegende Empfehlungen wurden vom Koordinator der Arbeitsgruppe für das metallogenetische Wörterbuch entsprechend dem Beschluß der Arbeitsberatung vom 30. 6. 1966 in Paris ausgearbeitet. Sie sollen Diskussionsgrundlage sowohl für die Mitglieder der Arbeitsgruppe als auch für die Koordinatoren der metallogenetischen Karten der einzelnen Kontinente sein.

Bei der Ausarbeitung vorliegender Bezeichnungen und Definitionen der erzführenden Flächen wurde von folgenden Tatbeständen ausgegangen:

1. Anzahl und Aufeinanderfolge der Termini entsprechend den Empfehlungen der Arbeitsgruppe vom 30. 6. 1966, und zwar:

a) planetarischer metallogenetischer Gürtel (metallogenic planetary belt);

b) metallogenetische Provinz (metallogenic province) für nichtlineare erzführende Flächen;

metallogenetischer Gürtel (metallogenic belt) für lineare erzführende Flächen;

c) metallogenetischer Bezirk (metallogenic region) für nichtlineare erzführende Flächen;

metallogenetische Zone (metallogenic zone) für lineare erzführende Flächen;

d) Erzrevier (ore district);

e) Erzfeld (ore field).

Darüber hinaus wurden einige weitere noch existierende oder neu empfohlene Bezeichnungen diskutiert, wie „Superprovinz" (superprovince, nach P. ROUTHIER und W. E. PETRASCHEK), die ihrem Inhalt und den Ausmaßen nach dem planetarischen metallogenetischen Gürtel entsprechen, „metallführende Provinz" (metalliferous province oder metal-bearing province nach N. G. FISHER), „metallogenetische Provinz" (metal province nach W. E. PETRASCHEK), „metallogenetische Subprovinz" (metallogenic subprovince nach I. G. MAGAKJAN und W. E. PETRASCHEK), „Erzzone" (ore zone) und „Erzknoten" (ore knot nach E. T. SCHATALOW).

2. Als Grundlage für die Begriffsdefinitionen wurden die Vorschläge im Entwurf des Internationalen metallogenetischen Wörterbuchs, das an alle Mitglieder der Arbeitsgruppe durch den Koordinator versandt worden war, gewählt. Weiterhin wurden folgende Materialien benutzt und weitgehend berücksichtigt:

a) Vorschläge zur Definition metallogenetischer Einheiten von H. MICHEL, H. PELISSONNIER, F. PERMINGEAT und P. ROUTHIER;

b) Antworten von N. G. FISHER, P. GUILD, P. LAFFITTE und G. SALAS auf den Fragespiegel, der vom Sekretär der Subkommission für die metallogenetische Karte der Welt, ROUTHIER, versandt wurde;

c) Bezeichnungen und Kurzdefinitionen der Termini, wie sie von der Kommission zur Untersuchung der Elementkonzentrationen in der Erdkruste (Commission for the study of economic elements in the earth's crust) für die Liste statistischer Primärdaten empfohlen wurden;

d) Einzelvorschläge, z. B. von W. E. PETRASCHEK (in der Zeitschrift „Economic Geology"; vol. 60, 1965, pp. 1620—1634); von I. G. MAGAKJAN (Grundlagen der Metallogenie der Kontinente, Isd. Akademie der Wissenschaften der Armenischen SSR 1959) u. a.

II. Nach entsprechender kritischer Durchsicht und Auswahl können die vorgeschlagenen Termini in einer Reihenfolge wie in Tab. 1 (Bezeichnungen der erzführenden Flächen) angeordnet werden.

Gesperrt geschrieben wurden im Text und in Tab. 1 jene Bezeichnungen erzführender Flächen, die von der Arbeitsgruppe als Diskussionsgrundlage vorgeschlagen worden sind. Diese Termini können für die metallogenetische Rayonierung bei der Ausarbeitung der internationalen Karten empfohlen werden. Die nichtgesperrten Termini stellen zusätzliche, präzisierende Gradationen dar.

Für Länder mit relativ kleinen Territorien und hohem Untersuchungsgrad ist es besonders wichtig, eine Hierarchiereihe vor allem mit eingehend aufgegliedertem Abschluß zu entwickeln. Die Einführung der Termini „Erzzone", „Erzknoten" ist ein Ergebnis der kritischen Bemerkungen seitens der rumänischen Kollegen auf der Sitzung der Arbeitsgruppe am 30. VI. 1966 in Paris.

Natürlicherweise endet die Hierarchiereihe mit den Begriffen „Erzlagerstätte" und „Erzkörper", obwohl sie strenggenommen nicht immer zu den erzführenden Flächen gerechnet werden können.

Der Terminus „metallogenetische Subprovinz" sollte nicht angewendet werden, da für die weitere Unterteilung der metallogenetischen Provinzen die Termini „metallogenetischer Bezirk" oder „metallogenetische Zone" genügen.

Die Termini „Metallprovinz" und „metallführende Provinz" beziehen sich im allgemeinen auf erzführende Flächen, dort, wo ein bestimmtes Metall vorherrschend ist, und wurden deshalb nicht in das allgemeine Terminisystem aufgenommen. Der Charakter derartiger erzführender Flächen kann durchaus durch entsprechende Eigenschaftswörter, z. B. „eisenerzführende (metallogenetische) Provinz", „zinnerzführendes Revier" usw., ausgedrückt werden. Außerdem wurde dem Begriff „metallogenetische Provinz" nicht nur der Vorrang zugesprochen, weil er am weitesten dem Inhalt der Unter-

Eingang des Manuskripts in der Redaktion: 1. 4. 1970.
Übers.: SIEGFRIED LÄCHELT, ZGI, Berlin.

Tab. 1. Bezeichnungen der erzführenden Flächen

Relative Größe	Form	
	Flächen ohne deutliche Linearerstreckung	linear gestreckte Flächen
planetarische	metallogenetische Superprovinz (metallogenic super-province)	planetarischer metallogenetischer Gürtel (metallogenic planetary belt)
sehr groß	metallogenetische Provinz (metallogenic province)	metallogenetischer Gürtel (metallogenic belt)
groß	metallogenetischer Bezirk (metallogenic region)	metallogenetische Zone (metallogenic zone)
mittlere	Erzrevier (ore district)	—
		Erzzone (ore zone)
	Erzknoten (ore knot)	
klein	Erzfeld (ore field)	
	Erzlagerstätte (ore deposit)	
	Erzkörper (ore body)	

suchungen entspricht, sondern ihm gebührt auch die Priorität.

Bei der vorgeschlagenen Nomenklatur wurde der Begriff „Fläche" (area) nicht einbezogen, sondern er wird als Terminus zum freien Gebrauch für die allgemeine Bezeichnung erzführender Flächen empfohlen.

Tab. 1 zeigt die Aufeinanderfolge erzführender Flächen nach ihrer Größe. Dabei wurden die Bezeichnungen von Flächen gleicher Ordnung unmittelbar nebeneinander gestellt. Jede erzführende Fläche dagegen, deren Bezeichnung in einer tieferen Spalte steht, kann innerhalb der höher angeführten vorkommen.

Bei der metallogenetischen Rayonierung ist es nicht möglich, nur der „linearen" Reihe oder der linken Tabellenseite zu folgen. Innerhalb der metallogenetischen Provinzen können metallogenetische Zonen und innerhalb letzterer wiederum Erzknoten und in metallogenetischen Gebieten Erzzonen usw. ausgehalten werden.

Bei der metallogenetischen Rayonierung sollten nicht immer alle in der Tab. 1 angeführten Gradationen der Flächengröße ausgeschieden werden; einige können durchaus ausfallen. So sind in metallogenetischen Zonen häufig eindeutig nur Erzzonen und Erzfelder oder Erzknoten und Erzfelder, aber in Erzrevieren Erzfelder auszuhalten. Wichtig ist jedoch die Einhaltung der allgemeinen Aufeinanderfolge von den größeren zu den kleineren, wobei so viele Gradationen auszuscheiden sind, wie für die Kennzeichnung der gefundenen Gesetzmäßigkeiten erforderlich sind.

III. In den nachfolgend angeführten Begriffsdefinitionen wurden nach Möglichkeit folgende inhaltliche Prinzipien berücksichtigt:

1. die Beziehungen der Mineralisationen zum geologischen Bau und zu solchen geologischen Faktoren wie der Sedimentation, der Tektonik, dem Magmatismus;

2. Größe und Form (linear, isometrisch) der erzführenden Flächen, die sich aus der Verbreitung und dem Charakter derjenigen geologischen Prozesse ergeben, die zur Entwicklung dieser Flächen führten;

3. der Typ und die Ausbildung der Mineralisationen erzführender Flächen, sowohl der komplexen Mineralisationen als auch der monometallischen oder paragenetischen Metallassoziationen;

4. die zeitliche Charakterisierung der vorhandenen Mineralisationen bei denjenigen Einheiten, wo dies notwendig ist (Polyzyklizität, Mehrstadigkeit der Mineralisationsprozesse).

IV. Folgende Begriffsdefinitionen können für die metallogenetische Rayonierung empfohlen werden:

A) Planetarische und sehr große erzführende Flächen (polyparagenetische)

Metallogenetische Provinz (metallogenic province)

Die metallogenetische Provinz ist ein sehr großer gefalteter Bereich oder Tafelabschnitt der Erdkruste bestimmten Typs und einer bestimmten Periode der tektonisch-magmatischen und metallogenetischen Entwicklung mit charakteristischen Lagerstättenassoziationen (mit bestimmtem Mineralisationstyp, Komplex an Haupt-, Spuren- und sporadischen Metallen und Mineralen). Metallogenetische Provinzen können sich im Verlauf eines tektonisch-magmatischen Zyklus bilden oder können bizyklisch bzw. polyzyklisch sein.

Metallogenetische Provinzen umfassen Flächen von einigen hunderttausenden bis zu einigen Millionen km². Innerhalb derselben können erzführende Flächen minderer Ordnung, metallogenetische Bezirke oder Zonen, Erzreviere usw. ausgehalten werden. Somit umfassen die metallogenetischen Provinzen Gruppen erzführender Flächen mit unterschiedlichen paragenetischen Mineralisationen und haben einen polyparagenetischen Charakter.

Tab. 2. Tabelle zur Bezeichnung erzführender Flächen (nach E. T. SCHATALOW)

	Relative Größe	Bezeichnung der erzführenden Flächen: russisch	englisch	französisch	deutsch	Vergleich mit tektonischen Einteilungen; Beispiele des Niveaus der Metallotekte
Polyparagenetische Unterteilungen	planetarisch Mill. km^2	металлогеническая супер-провинция (нелинейная форма) планетарный металлогенический пояс (линейная форма)	metallogenic superprovince (non-linear form) metallogenic planetary belt (linear form)	superprovince métallogénique (forme non linéaire) ceinture planétaire métallogénique (forme linéaire)	metallogenetische Superprovinz (alineare Form) planetarischer metallogenetischer Gürtel (lineare Form)	planetarischer Geosynklinal-(Geoantiklinal-)gürtel, Nahtbereich, Kontinente und Ozeansenken; Krustenbereiche und ihre Systeme, Riftstörungen
Polyparagenetische Unterteilungen	sehr groß Mill. – $n \cdot 10^5$ km^2	металлогеническая провинция (нелинейная форма) металлогенический пояс (линейная форма)	metallogenic province (non-linear form) metallogenic belt (linear form)	province métallogénique (forme non linéaire) ceinture métallogénique (forme linéaire)	metallogenetische Provinz (alineare Form) metallogenetischer Gürtel (lineare Form)	Tafeln (Tafelhülle, kristallines Fundament), Schilde, Faltengebiete, Gebiete tektonischer Aktivierung, lang existierende Tiefenbrüche, Randnähte; Serien von Formationsreihen, Reihen sedimentärer, sedimentär-vulkanogener und magmatischer Formationen (Komplexe), Komplexe metamorpher Gesteine
Polyparagenetische Unterteilungen	groß $n \cdot 10^4$ – $n \cdot 10^3$ km^2	металлогеническая область (нелинейная форма) металлогеническая зона (линейная форма)	metallogenic region (non-linear form) metallogenic zone (linear form)	région métallogénique (forme non linéaire) zone metallogénique (forme linéaire)	metallogenetischer Bezirk (alineare Form) metallogenetische Zone (lineare Form)	strukturell-formationelle Synklinal- und Antiklinalzonen (Megasynklinorien und Megaantiklinorien), Randsenken und Binnensenken der Tafeln, Anteklisen und Syneklisen der Tafelhülle, Zwischen- und Restmassive, Blöcke des kristallinen Fundaments, Strukturnähte, die die angeführten tektonischen Elemente begrenzen, Quertiefenbrüche, strukturell-formationelle Komplexe sedimentärer, sedimentär-vulkanogener, magmatischer, metamorpher Gesteine
Monoparagenetische Unterteilung	mittel: $n \cdot 10^3$ km^2	рудный район	ore district	district minéralisé	Erzrevier	Querverbiegungen von Faltenbauten (Antiklinal- und Synklinalzonen); Blöcke, die von verdeckten und durchsetzenden Tiefenbrüchen begrenzt werden; von Tiefenbrüchen durchschnittene Gebiete; Formationsgruppen (und einzelne Formationen) sedimentärer, sedimentär-vulkanogener, magmatischer Gesteine, Komplexe metamorpher Gesteine
Monoparagenetische Unterteilung	mittel	рудная зона	ore zone	zone minéralisée	Erzzone	linear gestreckte, manchmal deutlich begrenzte Antiklinal- und Synklinalfalten und ihre Systeme mit günstiger lithologischer Gesteinszusammensetzung; Störungszonen, Quer- und durchsetzende Strukturnähte; regionale Schieferungs-, Kluft-, Kleinintrusions- und Gangzonen; Formationen sedimentärer, sedimentär-vulkanogener und magmatischer Gesteine
Monoparagenetische Unterteilung	mittel: $n \cdot 10^2$ km^2	рудный узел	ore knot	noeud minéralisé	Vererzungsknoten	Schnittbereich von Störungen untereinander und mit Faltensystemen, die aus Gesteinen bestehen, die sich durch eine vererzungsgünstige lithologische Zusammensetzung auszeichnen; Berührungsbereiche von Störungen; Querverbiegungen; flexurartige Verbiegungen verschiedener Faltensysteme; Gruppen von Intrusivgesteinen, subvulkanische und andere magmatische Körper; einzelne größere Stöcke, subvulkanische Bauten, morphologisch günstige Bereiche von Batholithen und anderen großen magmatischen Körpern
Monoparagenetische Unterteilung	klein $n \cdot 10^1$ km^2	рудное поле	ore field	champ minéralisé	Erzfeld	Antiklinal- und Synklinalfalten (oder ihre Systeme), morphologische Besonderheiten: Ausbiegungen der Faltenachsen, verschiedene Störungen, Auffiederungsbereiche oder Berührungsstellen, Kluftzonen; Horizonte und Schichten mit günstigem lithologischem oder faziellem Aufbau; Ganggesteinsfolgen, Kleinintrusionen, kleine Stöcke, morphologisch günstige Bereiche großer Intrusivkörper
Termini, die über die vorgeschlagene Taxonomie der erzführenden Flächen hinausgehen		рудное месторождение рудное тело	ore deposit ore body	gîte minéralisé corps minéralisé	Erzlagerstätte Erzkörper	

Metallogenetischer Gürtel (metallogenic belt)

Metallogenetische Gürtel entsprechen metallogenetischen Provinzen mit deutlich ausgeprägter Linearerstreckung (bei einer Längserstreckung von einigen tausend Kilometern und einer Breitenausdehnung von einigen hundert Kilometern).

Metallogenetische Superprovinz (metallogenic super-province)

Eine metallogenetische Superprovinz ist eine sehr große erzführende Fläche (Millionen von Quadratkilometern), die mehrere metallogenetische Provinzen umfaßt, wobei sie sich durch polyzyklische und polyparagenetische Mineralisationen auszeichnet.

Planetarischer metallogenetischer Gürtel (metallogenic planetary belt)

Er entspricht einer planetarischen erzführenden Fläche, die mit sehr großen geotektonischen Gürteln zusammenfällt. Sie umfaßt mehrere metallogenetische Provinzen oder metallogenetische Gürtel. Auf Grund der komplizierten geologischen Bildungsprozesse zeichnen sie sich durch polyzyklische, polyparagenetische Mineralisationen aus. Die planetarischen metallogenetischen Gürtel haben eine Erstreckung von einigen zehntausend Kilometer Länge und hunderten Kilometer Breite bei einer Flächengröße von 10—15 Mill. km².

B) Große erzführende Flächen (polyparagenetische)

Metallogenetischer Bezirk (metallogenic region)

Der metallogenetische Bezirk ist eine erzführende Fläche innerhalb der metallogenetischen Provinzen und Gürtel. Er ist an einen bestimmten Typ von Geosynklinal- oder Tafelstrukturen mit vorherrschender Entwicklung charakteristischer Erzformationen[1]) und mineralischer Lagerstättentypen gebunden.

Die Mineralisationen eines metallogenetischen Bezirks sind gewöhnlich polyparagenetisch und mehrstadig, haben jedoch eine ähnliche Zusammensetzung. Dies zeigt sich an einem oder auch an mehreren Hauptmetallen bzw. Mineralen sowie an den untergeordneten und sporadischen Metallen und Mineralen.

Der metallogenetische Bezirk geht bildungsmäßig auf die Besonderheiten des tektonischen Regimes, der Sedimentation und des Magmatismus derjenigen Entwicklungsstadien der Faltengürtel und Tafeln zurück, während deren sich die genannten Strukturen entwickelten, d. h., sie sind zumeist monozyklischer Entstehung.

Metallogenetische Bezirke umfassen Flächen von einigen zehntausend km². Innerhalb dieser Bezirke sind die Vererzungen zu Erzrevieren, Zonen, Knoten und Feldern gruppiert, die voneinander durch erzfreie oder schwachmineralisierte Flächen getrennt sind.

Metallogenetische Zone (metallogenic zone)

Eine metallogenetische Zone ist ein metallogenetisches Gebiet mit deutlich ausgeprägter linearer Entwicklung. Sie hat eine Längserstreckung von einigen hundert Kilometern (bis zu 1000—1500 km) und eine Breitenausdehnung von einigen Dezikilometern (manchmal auch hunderte Kilometer).

Ein Synonym des Terminus „metallogenetische Zone" ist der Begriff „Erzgürtel" (ore belt).

C) Mittelgroße erzführende Flächen (monoparagenetisch)

Erzrevier (ore district)

Ein Erzrevier ist eine erzführende Fläche, die Teil einer größeren metallogenetischen Einheit (Provinz, Gebiet, Zone) ist und sich durch die Gemeinsamkeit der geologischen Bedingungen und der Entwicklung von Erzformationen und Lagerstättentypen eines (vorherrschenden) oder mehrerer Metalle auszeichnet. Die Lagerstätten können ähnliches Alter haben und zu einer miteinander verbundenen Formationsgruppe gehören. Sie können aber auch unterschiedlich alte (mehrstadige) Mineralisationen führen. Sie heben sich von dem Verbreitungsgebiet kleiner und mittlerer Erzvorkommen und (oder) einer weitverbreiteten dispersen Vererzung deutlich ab.

Erzreviere sind gewöhnlich voneinander durch erzfreie oder schwachmineralisierte Territorien getrennt, wodurch sie sich gleichfalls in geographischer und industriell-ökonomischer Hinsicht absondern. Die Lagerstätten wiederum sind in den Erzrevieren häufig in Erzzonen, Erzknoten oder Erzfeldern konzentriert.

Erzreviere haben eine Längs- und Breitenerstreckung von einigen Dezikilometern (bis 150—200 km). Flächenmäßig umfassen sie einige tausende (kleinere auch hunderte), manchmal ebenfalls einige zehntausende km².

Erzzone (ore zone)

Eine Erzzone ist eine deutlich ausgeprägte, streng umrissene, linear gestreckte erzführende Fläche innerhalb eines metallogenetischen Bezirks, einer metallogenetischen Zone oder eines Erzreviers. Sie zeichnet sich durch Lagerstätten mit Metallen bestimmter Erzformationen und Typen aus. Diese Lagerstätten sind gewöhnlich an Störungen, Faltenstrukturen mit günstiger Gesteinszusammensetzung, Gangfolgen oder Ketten kleiner Intrusionskörper usw. gebunden. Erzzonen heben sich deutlich vom Hintergrund der dispersen Mineralisation oder von erzfreien Flächen durch eine lineare Entwicklung und eine Lokalisation der Erzfelder und Lagerstätten mit industrieller Vererzung in einem schmalen Streifen ab. Eine Erzzone kann ebenfalls aus einigen in einer Richtung angeordneten Erzknoten bestehen.

Die Erzzonen sind wesentlich kleiner als die metallogenetischen Zonen (Erzgürtel). Sie haben eine Länge von einigen Dezikilometern (bis 40—50 km) und sind nur selten größer. Ihre Breite liegt im Kilometerbereich. Ihre Fläche ist auf Grund der deutlich ausgeprägten Linearität ebenfalls relativ gering und beträgt einige hunderte km² (bis zu 1500—2000 km²).

Erzknoten (ore knot)

Ein Erzknoten umfaßt eine erzführende Fläche mit relativ isometrischen oder unregelmäßigen Umrissen, die genetisch miteinander verbundene Erzfelder und

[1]) Unter einer Erzformation wird eine Lagerstättengruppe mit ähnlich zusammengesetzten, konstanten Mineralisationen verstanden, die sich unter ähnlichen geologischen Bedingungen entwickelten.

Lagerstätten beinhaltet, die sich ihrerseits zumeist durch bestimmte Erzformationen und Typen auszeichnen. Auftretende Vererzungen sind gewöhnlich um ein einheitliches metallführendes Zentrum, eine Intrusion oder den Satelliten eines Intrusivkörpers gruppiert, oder aber sie sind an Besonderheiten im tektonischen Bau gebunden. Zu derartigen Besonderheiten gehören durchsetzende oder angrenzende Störungen mit häufig unterschiedlichem relativem Alter, Kreuzungen von Falten, die sich aus Gesteinen mit einer günstigen Zusammensetzung für eine Vererzung aufbauen, mit Störungszonen.

Erzknoten sind ebenfalls Teile größerer metallogenetischer Einheiten (Erzreviere, Erzzonen) und heben sich deutlich von den schwachmineralisierten oder erzfreien Flächen ab.

Die Ausdehnung der Erzknoten (Länge, Breite) beträgt gewöhnlich einige Dezikilometer. Sie nehmen eine Fläche von einigen hundert bis zu 1000—1500 km² ein. Die Erzknoten unterscheiden sich somit von den Erzrevieren durch wesentlich geringere Ausmaße, durch eine deutlich ausgeprägte Gruppierung in der Vererzungslokalisation und schließlich durch eine hohe Vererzungsintensität. Erzknoten können weder nach ihrer Verbreitungsfläche noch auch auf Grund der geringeren Lagerstättenabstände mit den Erzfeldern verglichen werden.

D) Kleine erzführende Flächen (monoparagenetische), Erzlagerstätten, Erzkörper

Erzfeld (ore field)

Ein Erzfeld ist eine verhältnismäßig kleine erzführende Fläche mit gleichaltrigen oder altersnahen sowie genetisch verwandten Erzlagerstätten und Erzkörpern, die an lokale tektonische Elemente, an Bereiche mit Nebengesteinen, die für eine Vererzung günstig sind, gebunden sind. Genetisch können sie teilweise Eruptivgesteinskörpern zugeordnet werden, die an der Oberfläche anstehen oder oberflächennah auftreten.

Erzfelder sind Teile von Erzrevieren, Zonen oder Knoten. Sie sind voneinander durch erzfreie oder schwachmineralisierte Räume getrennt. Die Erzfelder nehmen eine Fläche von einigen wenigen bis zu 10 bis 20 km², manchmal auch einige Dutzende km² ein.

Erzlagerstätte (ore deposit)

Eine Lagerstätte ist eine mehr oder weniger bedeutende Anreicherung eines Bodenschatzes, der bei gegebenen ökonomischen Bedingungen (industrielle Lagerstätte) Gegenstand eines Abbaus sein kann. Eine Anreicherung eines Bodenschatzes, der gegenwärtig aus diesen oder jenen ökonomischen oder technischen Ursachen nicht abgebaut wird, sich jedoch hinsichtlich seiner Parameter (mögliche Vorräte, Perspektiven des Abbaus und der Technologie) der industriellen Lagerstätte nähert, kann in Zukunft zu einer solchen (industriellen Lagerstätte) werden.

Erzkörper (ore body)

Ein Erzkörper ist eine Anreicherung eines Bodenschatzes in Form eines Körpers mit bestimmten Merkmalen, der sich vom Nebengestein durch eine deutlich abweichende Zusammensetzung und scharfe Grenze unterscheidet oder der auf Grund einer Beprobung unter Vorbehalt ausgehalten wurde. Auf ihm kann ein ununterbrochener Abbau betrieben werden.

Im weiteren werden einige Vorstellungen hinsichtlich der Ausscheidung erzführender Flächen unterschiedlicher Größe bei der Zusammenstellung von metallogenetischen Karten verschiedener Maßstäbe entwickelt.

Metallogenetische Karten in Maßstäben kleiner als 1:1000000

Diese Karten erfassen einzelne Kontinente oder große Teile derselben (planetarische metallogenetische Gürtel, metallogenetische Provinzen und Gürtel). Sie gestatten, erzführende Flächen in der Ordnung metallogenetischer Zonen (Erzgürtel), metallogenetischer Bezirke und in Einzelfällen auch Erzreviere auszuhalten.

Metallogenetische Karten kleiner Maßstäbe; 1:1000000—1:500000

Derartige Karten werden für metallogenetische Bezirke oder Zonen ausgearbeitet. Auf solchen Karten können erzführende Flächen in der Größenordnung von Erzrevieren, Erzzonen und Knoten und in Einzelfällen auch Erzfelder ausgehalten werden.

Metallogenetische Karten mittlerer Maßstäbe; 1:200000—1:100000

Diese Karten werden für Territorien in der Größe der Erzreviere ausgearbeitet. Sie gestatten, die Lokalisation lokaler erzführender Flächen, der Erzzonen, Erzknoten und Erzfelder, auszuweisen.

Metallogenetische Karten großer Maßstäbe; 1:50000—1:25000

Auf diesen Karten werden die Territorien der Erzzonen und Knoten oder flächenmäßig kleine eingehend untersuchte Erzreviere dargestellt. Der Kartenmaßstab gestattet die Darstellung von Einzelheiten der geologischen Position von Erzfeldern und Einzellagerstätten.

Strukturell-geologische Karten in den Maßstäben 1:10000 und größer

Diese Karten werden für Erzfelder und große Lagerstätten unter Aushaltung einzelner Erzkörper oder Erzkörpergruppen zusammengestellt.

Die vorstehenden Vorschläge unterscheiden sich bedeutend von den Empfehlungen in der Anlage II des Blattes der statistischen Primärdaten der Kommission zur Untersuchung der Elementkonzentrationen in der Erdkruste, und zwar vor allem durch die größeren Maßstäbe der Karten für erzführende Flächen mittlerer und geringerer Ausmaße.

Zur Ausbildung und Leitbankgliederung des Staßfurtsteinsalzes im Südharzkalirevier

ARMIN HEYNKE & GÜNTER ZÄNKER, Bleicherode

1. Einleitung

Es ist meist nicht möglich, alle an einer Gesteinsfolge interessierenden Fragen allein mit den Informationen zu klären, die aus Bohrungen gewinnbar sind. Deshalb gehen auch solche Erkenntnisse in beträchtlichem Umfang in die Interpretation von Bohrergebnissen ein, die sich aus der Bearbeitung übertägig aufgeschlossener Teile dieser Folge oder ähnlicher Ablagerungen ergeben haben. Da unter den bei uns herrschenden klimatischen Bedingungen hochsalinare Schichten in übertägigen Aufschlüssen nicht anzutreffen sind, muß in starkem Maße auf die untertägigen Grubenaufschlüsse zurückgegriffen werden. Sie bieten die einzige Möglichkeit, den zusammenhängenden Verband von Salzgesteinen zu beobachten. Daraus läßt sich die Forderung ableiten, möglichst zahlreiche Grubenaufschlüsse, über die rein praktischen Belange des Bergbaus hinausgehend, eingehend geologisch zu bearbeiten.

Die vorliegende Arbeit ist das Ergebnis von Untersuchungen in den Gruben des Südharzkalireviers (Abb. 1). Am Nordrande des Thüringer Beckens gelegen, verdankt dieses Gebiet seine bergmännische Erschließung der günstigen Teufenlage und der verbreiteten Hartsalzführung des Staßfurtkaliflözes. Unter Südharzkalirevier wird hier verstanden: das Gebiet zwischen dem Eichsfeld im Westen, einer gedachten Linie am Westrande des Kyffhäusers im Osten, dem südlich des Harzes verlaufenden Salzhang im Norden und der südlichen Verbreitungsgrenze von Kalisalzen des Staßfurtflözes im Süden. Nach Südosten besteht ein allmählicher Übergang in das Innere des Thüringer Beckens.

Während des Zechsteins 2 gehörte das Südharzkalirevier dem südlichen Randbereich des mitteleuropäischen Zechsteinmeeres an. Ein Ausdruck dieser Randnähe sind das in Hauptdolomitfazies vorliegende Staßfurtkarbonat und der relativ mächtige Basalanhydrit. Auf die randliche Lage weist außerdem die benachbart verlaufende südliche Verbreitungsgrenze des Staßfurtsteinsalzes und der Kalisalzführung des K 2 hin.

Die hier mitgeteilten Ergebnisse dürften auf größere Teile dieser südlichen Randzone übertragbar sein.

Obwohl im Südharzkalirevier seit Ende des vorigen Jahrhunderts Bergbau auf Kalisalze umgeht, wurde die erste Grobgliederung des Staßfurtsteinsalzes für dieses Gebiet erst vor knapp zehn Jahren veröffentlicht (SEIDEL 1961). Die Gliederung (vgl. Abb. 2) wurde offensichtlich in enger Anlehnung an das Profil der Bohrung Schneidtal 1 vorgenommen, die 6–7 km südöstlich von Sondershausen, bereits an der Grenze zur Unstrutausbildung der Zechstein 2-Horizonte, niedergebracht wurde. Aus diesem Grunde spiegelt sich in ihr nicht die vorherrschende Na 2-Ausbildung des Südharzkalireviers wider. Bereits in den unmittelbar westlich der Bohrung Schneidtal 1 anschließenden Grubenfeldern der Schächte „Glückauf I", „Glückauf V" und „Glückauf VI" konnte NACHSEL (1964) die von SEIDEL (1961) ausgeschiedenen Horizonte Südharzbasissalz, Steinsalzanhydrit und Basissalz nicht nachweisen (vgl. Abb. 2). Sie fehlen, außer im östlichen Randgebiet, auch im übrigen Südharzkalirevier (KRÖLL 1964).

In den Grubenfeldern des Kaliwerks Volkenroda veranlaßte die weit in das Liegende des Kalisalzhorizonts reichende bankige Ausbildung des Staßfurthalits SCHÜTZE (1957) und, daran anlehnend, GRUMBT & LÜTZNER (1961) dazu, diese Folge mit Hilfe von Steinsalzleitbänken zu gliedern. SCHÜTZE belegte die unterste deutliche Steinsalzbank mit der Ziffer 1 und numerierte die nach dem Hangenden folgenden markanten Bänke fortlaufend bis zur Bank 13. GRUMBT & LÜTZNER übernahmen für ihre zahlreichen, sehr detailliert erarbeiteten feinstratigraphischen Profilaufnahmen diese Bezifferung und erweiterten sie bis zur Bank 16. In beiden Bearbeitungen wurde bewußt auf eine Parallelisierung mit den zehn Leitbänken der Liegendgruppe des Kalilagers und damit auf eine Abgrenzung zwischen Kaliflöz Staßfurt und Staßfurtsteinsalz verzichtet. Diese Zurückhaltung ist u. a. in der Auffassung begründet, daß beide Horizonte im Raum Volkenroda eine von den benachbarten Baufeldern abweichende Entwicklung zeigen (GRUMBT & LÜTZNER 1960).

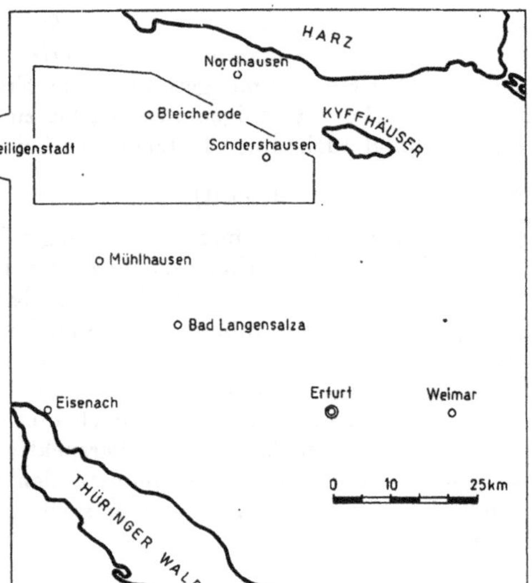

Abb. 1. Lage des Arbeitsgebiets im Thüringer Becken südlich des Harzes

Eingang des Manuskripts in der Redaktion: 13. 3. 1970.

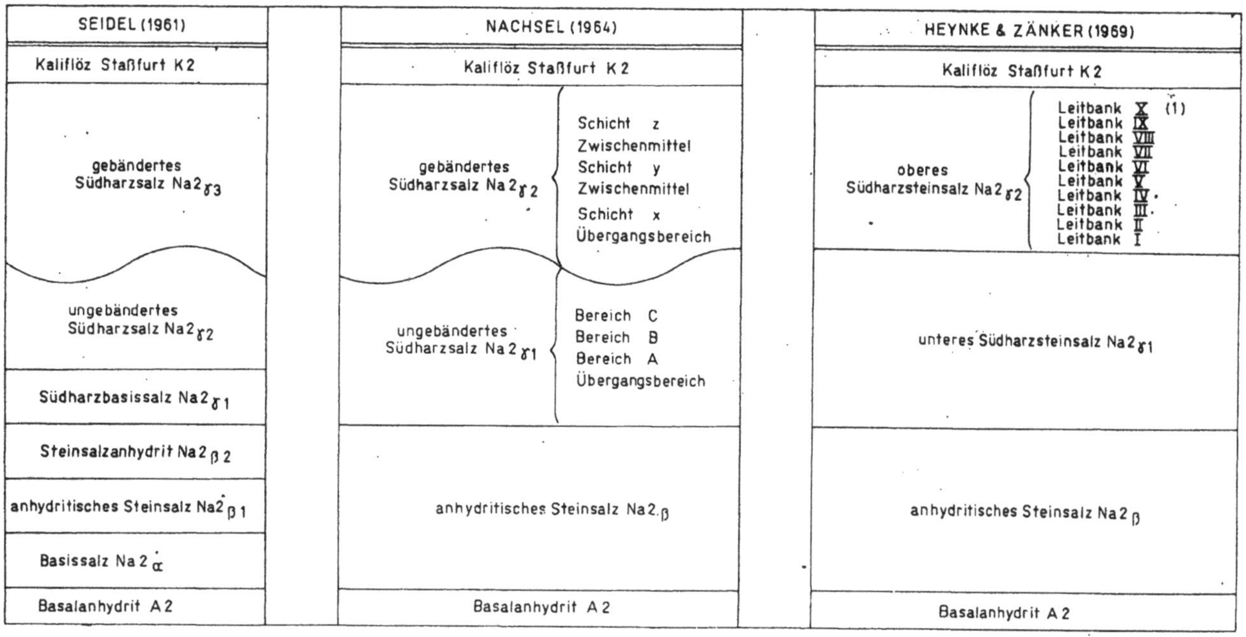

Abb. 2. Gliederung des Staßfurtsteinsalzes (Na 2) im Südharzkalirevier

LANGBEIN & SEIDEL (1960) äußerten ebenfalls die Auffassung, daß das Staßfurtsteinsalz beckenrandlich bzw. über Untiefenzonen einen andersartigen Habitus zeigt. Sie sehen in den überwiegend gelben und roten Farbtönen des Na 2, in den weit in das Liegende des Flözes reichenden Steinsalzbänken und in den Sylvineinschaltungen beträchtlich unter dem Kalilager Merkmale für eine beckenrandliche Bildung des Staßfurtsteinsalzes im Gebiet des Holunger Grabens.

STOLLE (1964) unternahm den Versuch, das Volkenrodaer Profil in die übliche Leitbankgliederung des übrigen Südharzgebiets einzupassen. Die nicht unbeträchtlichen Abweichungen zwischen den parallelisierten Bänken, insbesondere hinsichtlich der Mächtigkeiten, erklärt er ebenfalls mit einer beckenrandlich bedingten Sonderentwicklung des Volkenrodaer Profils. DÖHNER (1965) konnte jedoch feststellen, daß STOLLE (1964) die von den anderen Südharzkaliwerken bekannten zehn Leitbänke der Liegendgruppe des K 2 in Volkenroda mit stratigraphisch zu tief liegenden Bänken verglichen hat und daß diese als Leitbänke des Kalilagers aufgefaßten Steinsalzbänke dem Staßfurtsteinsalz angehören.

Nach dieser nunmehr eindeutigen Liegendabgrenzung des Kaliflözes Staßfurt ergab sich die Tatsache, daß in Volkenroda die oberen 15—20 m des Staßfurtsteinsalzes ähnlich wie die Liegendgruppe des K 2 ausgebildet sind und sich in derselben Weise durch Leitbänke gliedern lassen. Die Leitbankgliederung von SCHÜTZE (1957) und GRUMBT & LÜTZNER (1960) stellt damit die erste Gliederung des Staßfurtsteinsalzes mit Hilfe von Steinsalzleitbänken im Südharzkalirevier dar.

Die Normalausbildung des Südharzsteinsalzes wird dagegen als überwiegend grau gefärbt beschrieben (DIETZ 1923—1925, AHLBORN 1936, SEIDEL 1961, STOLLE 1968), wobei nach SEIDEL (1961) der untere Teil kaum Schichtungsmerkmale zeigt (ungebändertes Südharzsalz), der obere Teil jedoch durch eine Art Bänderung gekennzeichnet ist (gebändertes Südharzsalz). Von NACHSEL (1963) wurde das Staßfurtsteinsalz im Gebiet Sondershausen bearbeitet, KRÖLL (1964) führte Untersuchungen im Raum Bleicherode, Sollstedt, Gebra und z. T. in Bischofferode durch, d. h. beide in einem Gebiet, in dem das als Normalausbildung aufgefaßte graue Staßfurtsteinsalz zu erwarten war. Sie kamen zu dem Ergebnis, daß sich das Staßfurtsteinsalz dieses Raums nicht durch Leitbänke gliedern läßt (NACHSEL 1964, KRÖLL & NACHSEL 1967).

Die folgenden Ausführungen sollen zeigen, daß eine Leitbankgliederung des oberen Südharzsteinsalzes durchaus möglich ist und sich nicht schwieriger gestaltet als in der Liegendgruppe des Kaliflözes Staßfurt. Doch setzt sie voraus, daß die Existenz von zwei Ausbildungstypen des Südharzsteinsalzes und ihre gegenseitigen Beziehungen erkannt werden.

Bei den Untersuchungen ergaben sich zusätzlich Hinweise zur Verbreitung des anhydritischen Steinsalzes.

2. Zur Verbreitung des anhydritischen Steinsalzes (Na2β)

Die Anhydritregion (Na 2β) erreicht im östlich an das Südharzkalirevier anschließenden Unstrutrevier primäre Mächtigkeiten von 200—400 m. Verbreitung, Ausbildung und Mächtigkeit sowie der Charakter der liegenden Horizonte (Stinkschiefer, Basalanhydrit) kennzeichnen das anhydritische Steinsalz als eine Bildung vor allem tieferer Beckenteile. Es ist deshalb nicht verwunderlich, daß es im Südharzgebiet, das als flaches Nebenbecken anzusehen ist, bis vor kurzem nicht nachgewiesen wurde, abgesehen von dem Übergangsgebiet zwischen Unstrut- und Südharzkalirevier bei Sondershausen (SEIDEL 1961).

NACHSEL (1964) konnte das Ausklingen des Na 2 β in Richtung Westen auf den Bereich innerhalb der Grubenfelder des Kaliwerks „Glückauf", Sondershausen, einengen. Während im östlichen Grubenfeld vom Schacht „Glückauf I" noch 103,5 m anhydritisches Steinsalz gemessen werden konnten, war es im westlichen Teil der Durchschlagstrecke vom Grubenfeld „Glückauf V" nach Immenrode nicht mehr anzutreffen. KRÖLL & NACHSEL (1967) gelangten deshalb zu der Feststellung, daß westlich der Durchschlagstrecke nach Immenrode kein anhydritisches Steinsalz mehr entwickelt ist.

Inzwischen liegen Beobachtungen darüber vor, daß das anhydritische Steinsalz auch im mittleren Teil des Südharzkalireviers vorkommt, und zwar in einem NNW streichenden, streifenförmigen Verbreitungsgebiet von 2—3 km Breite und 6—7 km Länge (Abb. 3).

Einige Grubenaufschlüsse innerhalb des Verbreitungsgebiets des Na 2 β weisen über dem Basalanhydrit kein anhydritisches Steinsalz auf. Das kann, muß aber nicht, als Hinweis auf eine absetzige Verbreitung des anhydritischen Steinsalzes ausgelegt werden. Der Basalanhydrit durchspießt nicht selten klippenartig die untersten Halitpartien. In diesem Falle bleibt die Frage offen, welcher Steinsalzhorizont der geschlossenen Basalanhydritoberkante unmittelbar aufliegt.

Die Mächtigkeiten des anhydritischen Steinsalzes liegen im allgemeinen zwischen 3 und 10 m; es ist mittelkristallin, z. T. feinkristallin, grauweiß gefärbt und in charakteristischer Weise durch „Jahresringe" gestreift (Abb. 4). Die Anhydritstreifen sind 0,3—2 cm breit und weisen am häufigsten Abstände zwischen 3 und 15 cm auf. In einigen Aufschlüssen tritt die Anhydritsubstanz stark zurück. Während teilweise eine gerade noch wahrnehmbare Farbstreifung im üblichen Abstand der Jahresringe vorhanden ist, fehlen die Anhydritstreifen manchmal auch ganz. Das Na 2 β liegt dann als massiges, reinweißes Steinsalz ohne erkennbare Schichtung vor.

An der Hangendgrenze des anhydritischen Steinsalzes tritt in einigen Aufschlüssen ein kalisalzführender Kieserit-Anhydrit-Halitit-Horizont auf. Es dürfte sich um ein Äquivalent des von NACHSEL (1964) und KRÖLL & NACHSEL (1967) aus diesem Niveau beschriebenen kieseritischen Hartsalzhorizonts handeln. Seine Mächtigkeit wird für Sondershausen mit durchschnittlich 1 m angegeben, in Richtung Westen, in den Gruben „Glückauf V" und „VI", wurde ein Rückgang auf ca. 0,2 m festgestellt (NACHSEL 1964).

Im Raum Bleicherode kann von einem durchgehenden Hartsalzhorizont nicht gesprochen werden. Bemerkenswert ist das Auftreten von Kieserit. Er bildet schichtig eingelagerte, sich z. T. verästelnde Schnüre und Bänder sowie Lagen bis zu 20 cm Stärke, die sich vielfach zu Linsen auflösen. In den Kieseritlagen, weniger häufig auch außerhalb, kommt roter Sylvin in Form von Einsprenglingen und Lagen vor. Der Carnallit bildet überwiegend schichtig eingelagerte Linsen und Nester bis zur Größe von einigen Dezimetern, seltener durchsetzt er den Horizont in disperser Verteilung. Seine weißlichgelbe bis höchstens schwach hellrote Färbung unterscheidet sich auffällig von der Farbe des im Südharzsteinsalz auftretenden Carnallits. Dieser ist fast immer kräftig rot bis dunkelviolett gefärbt.

Der Bereich, in dem die genannten Komponenten im obersten anhydritischen Steinsalz auftreten, kann bis zu 2 m mächtig werden. Vielfach ist nur eine wenige Zentimeter mächtige Kieseritlage ausgebildet, und schließlich kann der Horizont auch ganz fehlen.

In der Tabelle sind einige Vollanalysen der Proben dieses Horizonts zusammengestellt.

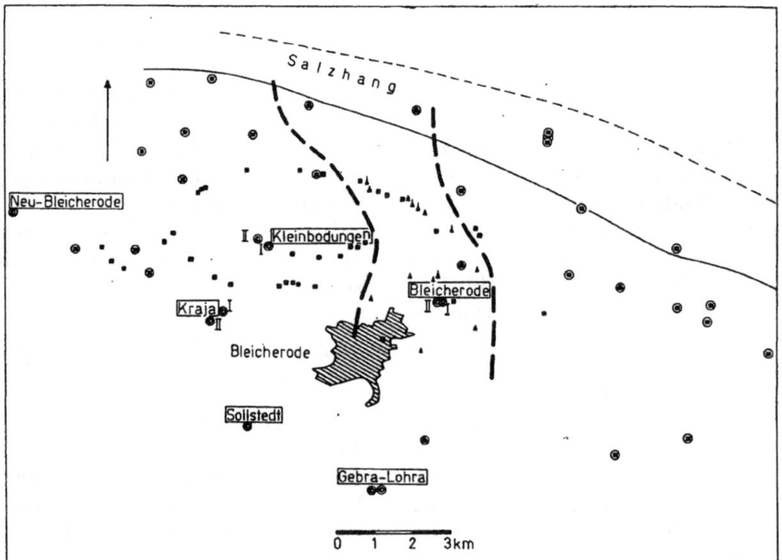

Abb. 3. Verbreitung des anhydritischen Steinsalzes (Na 2 β) im mittleren Südharzkalirevier (Raum Bleicherode)

1 — Grubenaufschluß mit Na 2 β; 2 — Grubenaufschluß mit Na 2 β und Kalisalz- bzw. Kieserithorizont; 3 — OT-Bohrung mit Na 2 β; 4 — Grubenaufschluß mit Na 2 γ über A 2; 5 — OT-Bohrung mit Na 2 γ über A 2

Tabelle. (Zwischen den Leitbänken befinden sich Zwischenmittel.)

%	Probe 1	Probe 2	Probe 3
$CaSO_4$	4,4	21,4	7,9
$MgSO_4$	4,2	0,1	4,1
K_2SO_4	—	- -	1,0
KCl	1,4	14,0	0,2
$MgCl_2$	0,1	0,1	0,1
NaCl	89,9	64,1	84,9
Sonstiges	2,0	0,4	1,7
Br	0,012	0,023	0,010
Br/NaCl[1]	0,012	0,011	0,012

Bei der Berechnung aus dem Br-Gehalt der Gesamtprobe wurde das Verhältnis Br/NaCl:Br/KCl mit 1:10 angesetzt.

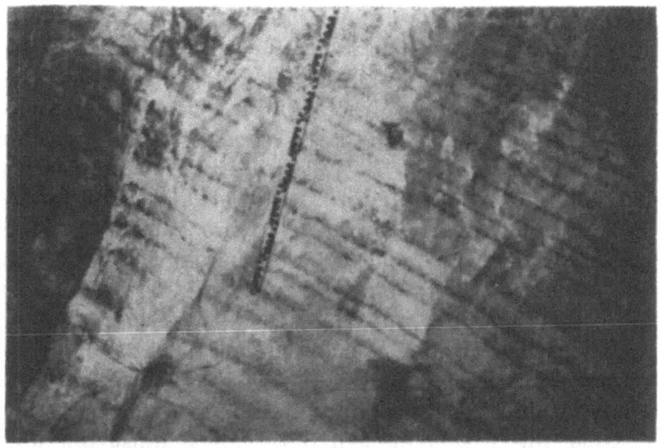

Abb. 4. Anhydritisches Steinsalz (Na 2 β) aus dem östlichen Grubenfeld des Kaliwerks Bleicherode

3. Ausbildungstypen des Südharzsteinsalzes (Na 2 γ)

Bei der geologischen Bearbeitung der Grubenfelder des Kaliwerks Bleicherode wurde festgestellt, daß das Südharzsteinsalz (Na 2 γ) östlich der Bleicheröder Schächte in einem Gebiet von mehreren km², abweichend von der sonst vorherrschenden grauen Ausbildung im Westen, durchgehend eine gelblichrötliche Färbung und eine auffällige Bankung zeigt. Die oberen 20—25 m dieser Folge konnten mit Hilfe von Steinsalzleitbänken gegliedert werden. Im Verlaufe der weiteren Untersuchungen wurde nachgewiesen, daß dieser Na2γ-Typ ohne Einschränkung dem bekannten rötlichen gebankten und als Randausbildung gedeuteten Staßfurtsteinsalz von Volkenroda entspricht. Jede von Verf. ausgehaltene Steinsalzleitbank, charakteristische Tonlöser und selbst Detailmerkmale wurden in Volkenroda ebenfalls vorgefunden. Auch in den Gruben der übrigen Kaliwerke des Südharzkalireviers wurde das gelblichrötliche gebankte Südharzsteinsalz in großer Verbreitung angetroffen. Diese Befahrungen bestätigten die Gültigkeit der Leitbankgliederung für das gesamte Südharzkalirevier.

Damit stand fest, daß das gelblichrötliche und gebankte Südharzsteinsalz keine Sonderentwicklung am Beckenrand oder über Schwellenzonen darstellt. Dieser Ausbildungstyp ist vielmehr über das gesamte Südharzkalirevier verbreitet. Unabhängig von der Lage zum Beckenrand oder -innern muß im gesamten Südharzkalirevier zwischen einer grauen und einer gelblichrötlichen Ausbildungsform des Südharzsteinsalzes unterschieden werden.

3.1. Gelblichrötliches Südharzsteinsalz

Hauptmerkmale dieses Typs sind die gelblichrötliche Färbung und der bankige Schichtungscharakter. Kräftig rotorange Farbtöne zeigen vor allem die Steinsalzbänke. Die als Leitbank V ausgeschiedene Steinsalzbank erreicht Mächtigkeiten von 120—140 cm. Ebenfalls sehr mächtig ist mit 80—100 cm die Leitbank VII. Die übrigen als Leitbänke verwendeten Steinsalzbänke weisen Mächtigkeiten zwischen 30 und 60 cm auf. Daneben enthält das Profil zahlreiche weitere Steinsalzbänke unter 30 cm, die nicht beziffert wurden, aber wesentlich zur Charakterisierung der Zwischenmittel beitragen. Zwischen den Steinsalzbänken ist das Steinsalz durch mm-starke, seltener 1—2 cm mächtige tonig-anhydritische Lagen gestreift bis gebändert. Im Steinsalz dieser Lagen treten die kräftigen roten Farbtöne gewöhnlich zurück, es ist vielmehr gelblichbräunlich und bei stärkerer tonig-anhydritischer Verunreinigung grau bis schwärzlich gefärbt.

Häufig sind der rötlichgelben Ausbildung des Südharzsteinsalzes Kalisalze eingelagert. Ihre horizontale und vertikale Verteilung wechseln sehr stark, sie fehlen oftmals über weite Erstreckung oder sind auf einen bestimmten Horizont der Folge beschränkt. Sie können aber ebenso das gesamte stratigraphische Profil des Südharzsteinsalzes vom Kalilager bis zum Basalanhydrit durchsetzen.

Sylvin tritt dabei in Form von Einsprenglingen auf, vorwiegend in der Größe von 0,5—2 cm, und nicht selten nesterartig zusammen mit dunkelgrauem Anhydrit angereichert. Die Farbe der Einsprenglinge ist siegellackrot; sehr oft zeigen nur die randlichen Kornpartien diese Färbung, während der Kern milchigweiß gefärbt erscheint. Bei gehäuftem Auftreten der Sylvineinsprenglinge lassen sich im Staßfurtsteinsalz K_2O-Gehalte von 5—8% feststellen.

Noch weiter als der Sylvin ist im zentralen und östlichen Teil des Südharzkalireviers der Carnallit verbreitet, am häufigsten in Form von Nestern und Spalten. Die Nester, meist sehr unregelmäßig begrenzt, erreichen Größen von mehreren Dezimetern, die Spalten oft Längen von mehr als 1 m. Es überwiegen jedoch die Abmessungen von wenigen Zentimetern bis zu 1—2 Dezimetern. Bei den Spalten ist oft eine mehr oder weniger vertikale Anordnung erkennbar. Die vorherrschende Farbe des Carnallits ist kräftig dunkelrot, z. T. fast schwärzlichviolett. Bei größeren Carnalliteinlagerungen bleibt die Rotfärbung auf die randlichen Partien beschränkt, das Zentrum zeigt eine weiße bis gelbliche Färbung (A. RICHTER 1964).

Der Schichtungscharakter des Südharzsteinsalzes wird in starkem Maße durch Nester und Spalten grobkristallinen weißen Steinsalzes verändert. Bei gehäuftem Auftreten geht der bankige und schließlich der schichtige Charakter überhaupt verloren. Der rötliche Farbeindruck kann dadurch zugunsten von grauweißen Farbtönen verschwinden. Die Umkristallisation führt stellenweise zur völligen Umverteilung der tonig-anhydritischen Substanz aus der horizontalen schichtigen in eine mehr oder weniger vertikale Anordnung. Die entstandene vertikale Streifung sieht der Schichtung oft zum Verwechseln ähnlich. SCHACHL (1954) hat ähnliche Erscheinungen aus dem Muschelkalksalz Südwestdeutschlands beschrieben. Von dieser Umkristallisation sind vor allem die unteren 20—30 m des Südharzsteinsalzes betroffen. Dort, wo die Umkristallisation weniger intensiv gewirkt hat, zeigt auch die untere Hälfte des Südharzsteinsalzes eine schichtige bis bankige Ausbildung. Der schichtige Charakter des unteren Südharzsteinsalzes hat sich vor allem im Raum Sollstedt erhalten, aber auch aus dem Raum Bleicherode sind zahlreiche Aufschlüsse bekannt, wo über teils kleinere, teils größere Erstreckung Schichtung und Bankung erkennbar sind.

Über die Erscheinungen der Umkristallisation und ihre Deutung als frühdiagenetische Sedimentstrukturen wird ZÄNKER in einer gesonderten Abhandlung berichten.

3.2. Graues Südharzsteinsalz

Das hervorstechende Merkmal des grauen Ausbildungstyps ist die überwiegend grauweiße Färbung. Eingeschaltete Steinsalzbänke sind weiß bis gelblichweiß gefärbt. Dunkelgraue, z. T. schwärzlichgraue Farbtöne sind an Bereiche stärkerer Tonführung gebunden. Mit den ersten Leitbänken der Liegendgruppe des K 2 setzt bei vertaubter oder Hartsalzausbildung dieser Partien gewöhnlich eine gelblichrötliche Färbung ein, sie kann aber auch schon in den obersten Metern des Na 2 beginnen (A. RICHTER 1962 und 1964).

Für die graue Ausbildung sehr kennzeichnend ist der verschwommene Schichtungscharakter. Die durchaus vorhandene Bankung tritt weitaus weniger in Erscheinung als in der rötlichen Ausbildung. Dieser Eindruck entsteht vor allem durch die diffuse Bankbegrenzung. Daneben spielen auch die geringen Farbunterschiede eine Rolle. Die Tonlöser und tonig-anhydritischen Lagen, durch die in der rötlichen Ausbildung eine deutliche Streifung und Bänderung zustande kommt, sind in der grauen Ausbildung fast immer etwas zerfasert, die Tonsubstanz durchsetzt dabei das unmittelbar angrenzende Steinsalz, und der deutlich gestreifte und gebänderte Charakter geht verloren. Während Kalisalzeinlagerungen im grauen Staßfurtsteinsalz stets fehlen, besteht hinsichtlich des Auftretens der Kristallsalznester kein Unterschied zum rötlichen Typ.

4. Gliederung des Südharzsteinsalzes

4.1. Grobgliederung

Als sich deutlich unterscheidende und sicher abgrenzbare stratigraphische Einheiten des Staßfurtsteinsalzes im Südharzgebiet werden von uns nur das anhydritische Steinsalz (Na 2β) und das Südharzsteinsalz (Na 2γ) angesehen (vgl. Abb. 2). Die weitere Untergliederung des Südharzsteinsalzes ist weniger eindeutig und bedarf einer näheren Erläuterung.

Von SEIDEL (1961) wurde das Südharzsteinsalz in das untere ungebänderte Südharzsalz (Na 2γ_2) und in das obere gebänderte Südharzsalz (Na 2γ_3) untergliedert. NACHSEL (1964) und KRÖLL & NACHSEL (1967) übernahmen diese Zweiteilung des Südharzsteinsalzes. Im ungebänderten Südharzsteinsalz wurden von ihnen weiterhin die drei Bereiche A, B und C ausgeschieden. Die darin mehr oder weniger fehlende Schichtung sowie eine Reihe auffälliger Gefügeformen, die ebenfalls zur Abgrenzung der Horizonte dienen, werden auf eine verschieden intensive tektonische Beanspruchung zurückgeführt. Dort, wo im ungebänderten Südharzsteinsalz die Schichtung noch deutlich erkennbar ist, wie im Raum Obergebra, nehmen KRÖLL & NACHSEL einen kaum wirksamen tektonischen Einfluß an.

Inzwischen gelang der Nachweis, daß das Gefügebild des Südharzsteinsalzes durch diagenetische Umkristallisationen hervorgerufen wird. Abgesehen von der unterschiedlichen Intensität und dem wechselnden Erscheinungsbild der Umkristallisationen (vgl. Abschn. 3.1.) im selben stratigraphischen Niveau spricht vor allem die verschieden weit in das Hangende reichende mehr oder weniger schichtungslose Struktur gegen eine Verwendung zur stratigraphischen Grenzziehung. Durch die vorliegende Leitbankgliederung ist neuerdings die Möglichkeit gegeben, die äußerst unterschiedliche Lage der bisherigen Grenze zwischen ungebändertem und gebändertem Südharzsteinsalz nachzuweisen. Im östlichen Grubenfeld der Schachtanlage „Glückauf I", Sondershausen, reicht die ungeschichtete (= ungebänderte) Ausbildung bis in den Bereich der Leitbank V hinauf. Im Raum Bleicherode liegt diese Grenze meist 1—3 m unterhalb der Leitbank I. In Volkenroda setzt die mehr oder weniger ungeschichtete Ausbildung teilweise noch tiefer im Liegenden ein (vgl. Profil 6 bei GRUMBT & LÜTZNER 1960). Bei einer Mächtigkeit des Südharzsteinsalzes von 40—50 m kann eine um 10 bis 15 m schwankende Grenze nicht akzeptiert werden.

Für eine stratigraphisch einwandfreie Grenzziehung bietet sich die Leitbank I an. Sie kann durch ihre Bankmerkmale sicher identifiziert werden. Hinzu kommt, daß in ihrer unmittelbaren Nähe 2 bis 3 kräftige Tonlöser auftreten, die im Abstand von 0,3—1 m voneinander verlaufen und selbst in der grauen Na-2-Ausbildung mit ihrem zurücktretenden Bankungscharakter noch deutlich erkennbar sind. Aus Volkenroda sind sie unter der Bezeichnung Grenzlöser bekannt.

KRÖLL (1964) bezeichnete diese Löserzone als Leithorizont L. Diese Löserzone L entspricht allerdings nicht, wie KRÖLL & NACHSEL (1967) annehmen, der Leitschicht X bei NACHSEL (1963 und 1964). Die Leitschicht X liegt stratigraphisch höher, ungefähr im Niveau der Leitbank VII.

Die Bezeichnungen ungebändertes und gebändertes Südharzsteinsalz sollten künftig vermieden werden. Gegen ihre Verwendung spricht die Tatsache, daß einerseits das untere Südharzsteinsalz ein gebanktes bzw. „gebändertes" Aussehen zeigen kann, daß aber andererseits auch oberhalb der Leitbank I fast schichtungsloses Steinsalz auftritt. Die Bezeichnungen unteres Südharzsteinsalz und oberes Südharzsteinsalz schließen derartige Widersprüche zwischen Benennung und Ausbildung aus.

4.2. Leitbankgliederung des oberen Südharzsteinsalzes

Bei der Gliederung des oberen Staßfurtsteinsalzes mit Hilfe von Steinsalzbänken kamen die gleichen Grundsätze zur Anwendung, die auch der Leitbankgliederung der Liegendgruppe des K 2 zugrunde liegen (STOLLE 1964).

Zeitschrift für angewandte Geologie, Bd. 16 (1970), Heft 7/8

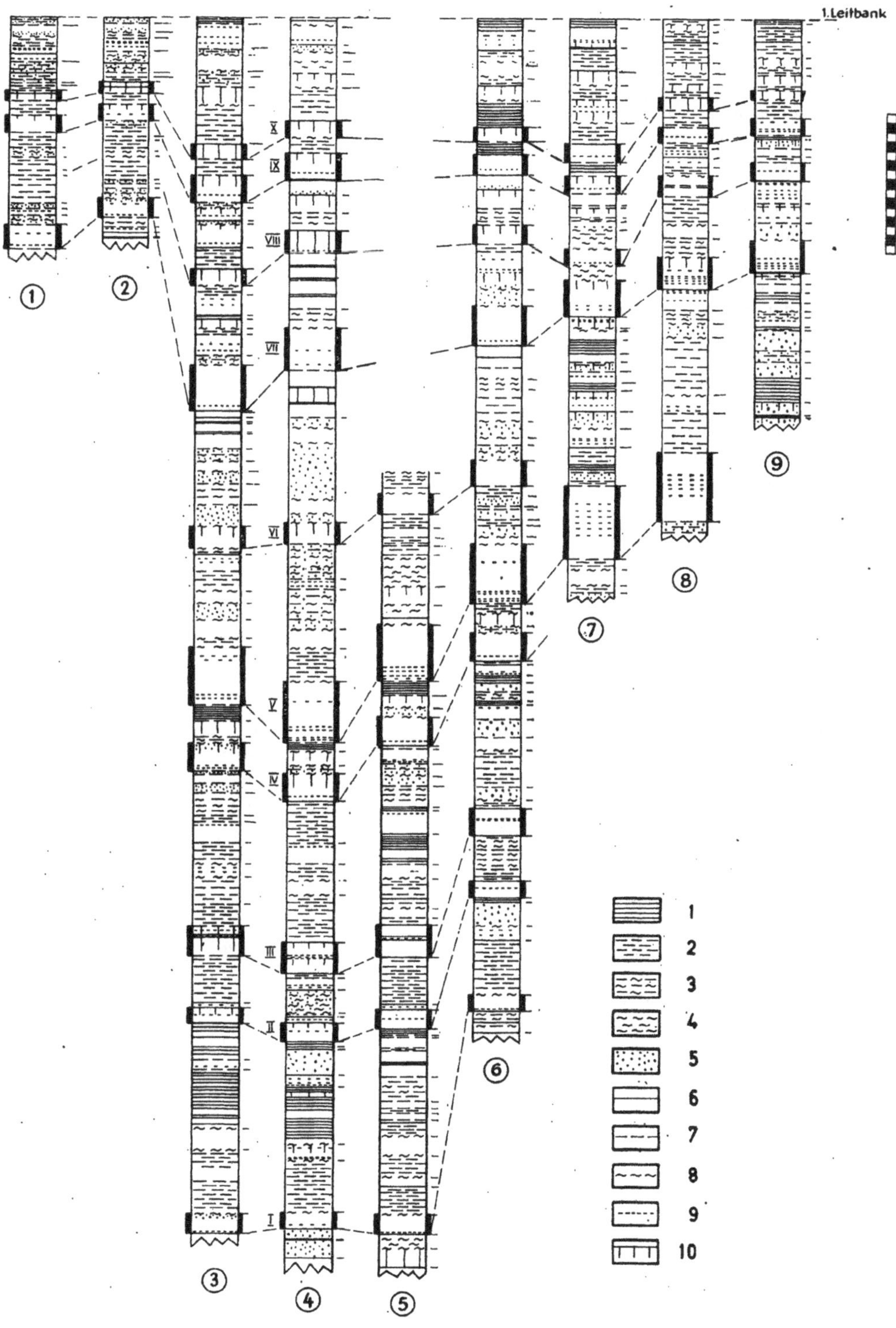

Abb. 5. Feinstratigraphische Profile des oberen Südharzsteinsalzes (Na 2 γ_2)

Lage der Profile:

1 – Bischofferode, Verbindungsstrecke von der Lok- zur A-Strecke; 2 – Bischofferode, Verbindungsstrecke zum Hauptsprengstoffmagazin; 3 – Bleicherode, Bandstrecke; 4 – Bleicherode, Maschinenstrecke I (J-Strecke); 5 – Bleicherode, Ladestation-Ostfeld; 6 – Bleicherode, Förderstrecke III Ost; 7 – „Glückauf I", Fahrüberhauen-Rolloch 5; 8 – „Glückauf I", Fahrüberhauen-Rolloch 4; 9 – „Glückauf I", Fahrüberhauen-Rolloch 10

Legende:

1 – Steinsalz, deutlich tonig-anhydritisch gestreift, gebändert oder gebankt; 2 – Steinsalz, tonig-anhydritisch gestreift, gebändert oder gebankt; 3 – Steinsalz, undeutlich tonig-anhydritisch gestreift, gebändert oder gebankt; 4 – Steinsalz, verschwommen tonig-anhydritisch gestreift, gebändert oder gebankt; 5 – Steinsalz, tonig-anhydritisch verunreinigt; 6 – sehr deutliche Bankbegrenzung (tonig-anhydritische Schnur, Löser); 7 – deutliche Bankbegrenzung; 8 – undeutliche Bankbegrenzung; 9 – dunkler Streifen in der Steinsalzbank; 10 – tonig-anhydritische Streifen, mehr oder weniger senkrecht zur Schichtung verlaufend

Eine verläßliche Leitbankgliederung ist nur möglich, wenn durchgehende feinstratigraphische Profile aufgenommen werden, in denen die Zwischenmittel eine ebenso sorgfältige Bearbeitung erfahren wie die Leitbänke selbst (Abb. 5). Vielfach ermöglicht erst die Gruppierung der Steinsalzbänke, unter Beachtung der Zwischenmittel, eine sichere Identifizierung der Leitbänke.

In einer gebankten Folge steht eine Vielzahl von Steinsalzbänken für eine Leitbankgliederung zur Auswahl. In der vorgelegten Gliederung erfolgten Auswahl und Bezifferung der Leitbänke u. a. in Anlehnung an die Leitbankgliederung der Liegendgruppe des Staßfurtflözes. Die angestrebten Gemeinsamkeiten äußern sich nicht zuletzt auch in der gleichen Anzahl von zehn Leitbänken. Das Gerüst der Leitbankgliederung in der Liegendgruppe des K 2 sind die Bankgruppe 1 bis 3 sowie die Bankgruppen 5/6 und 9/10. Eine ähnliche Bedeutung kommt in dem oberen Südharzsteinsalz den Leitbänken I und V sowie der Bankgruppe IX/X zu. Diese Bänke zeichnen sich in beiden Folgen durch eine gute Erkennbarkeit aus und gewährleisten durch ihren angenähert gleichen Abstand voneinander eine gleichmäßige Aufteilung der gesamten Folge.

Für die Bezifferung der Leitbänke im oberen Südharzsteinsalz wurden römische Zahlen gewählt. Diese Art der Benennung gewährleistet eine kurze und eindeutige Bezeichnung, wie sie für die kleinmaßstäblichen Kartierungen und Profildarstellungen in den Kaligruben des Südharzgebiets wünschenswert ist.

Die nachfolgende Beschreibung des feinstratigraphischen Profils des oberen Südharzsteinsalzes, einschließlich der Mächtigkeitsangaben, stützt sich hauptsächlich auf Untersuchungen im Gebiet Bleicherode. Die annähernd vollkommene Übereinstimmung mit dem feinstratigraphischen Aufbau des oberen Südharzsteinsalzes im Raum Sollstedt und Volkenroda konnte nachgewiesen werden. Gewisse Abweichungen bestehen zu den Gebieten Bischofferode und Sondershausen. In bezug auf Bischofferode betreffen sie die Mächtigkeit, die dort wesentlich, fast um die Hälfte, geringer ist. Im Raum Sondershausen konnten Schichtausfälle von 3 bis 4 m zwischen der Leitbank V und VIII nachgewiesen werden. Die Anwendbarkeit der Leitbankgliederung wird hier weiterhin dadurch eingeschränkt, daß infolge von Umkristallisationen die fast schichtungslose Ausbildung des Südharzsteinsalzes bereits im Niveau der Leitbank V beginnt.

Auf Farbangaben wurde in der Beschreibung verzichtet. In der rötlichen Ausbildung des Südharzsteinsalzes zeigen die Leitbänke durchweg rötliche bis gelbe Färbung; im grauen Ausbildungstyp sind sie dagegen grauweiß bis schwach gelblich gefärbt. Außerdem auftretende Farbschwankungen sind sekundärer Natur und ohne stratigraphischen Wert.

Die Ausdrücke „gestreift", „gebändert" und „gebankt" werden in Anlehnung an DÖHNER (1965) verwendet.

Hinter den römischen Banknummern sind die von GRUMBT & LÜTZNER (1960) verwendeten Bankbezeichnungen aufgeführt.

Leitbank I (1): 38 cm (35—40 cm)

An der Liegendgrenze ein mehrere mm starker Tonlöser, etwa 2 cm darüber meist ein ca. 1 cm breiter dunkler Streifen, Hangendgrenze unscharf.

Zur guten Erkennbarkeit trägt das unmittelbare Liegende der Leitbank I bei:

Nach 20—30 cm tonig-anhydritisch gestreiftem Steinsalz folgt nach unten eine 20—40 cm mächtige, im oberen Bankteil vielfach tonig-anhydritisch verunreinigte Steinsalzbank mit deutlichem Tonlöser im Liegenden und Hangenden. Oft ist der Tonlöser 20—30 cm unter der Leitbank I weniger augenfällig. Andererseits kann ein Tonlöser ca. 1 m über der Leitbank I stärker in Erscheinung treten.

Zwischenmittel I/II: 338 cm (205 bis 405 cm)

Im unteren Teil überwiegend tonig-anhydritisch gestreift, im mittleren Teil tonig-anhydritisch gebändert bis gebankt, der obere Teil durch nur wenig tonig-anhydritische Substanz gebändert bis gebankt oder verunreinigt, die obersten 10 bis 12 cm, unmittelbar unter der Leitbank II, auffallend deutlich tonig-anhydritisch gestreift.

Das Zwischenmittel enthält Steinsalzbänke (gemessen ab Leitbank I):

bei ca. 70 cm: 20 cm, mit deutlicher Liegend- und undeutlicher Hangendgrenze;

bei ca. 140 cm: 35—40 cm, undeutlich begrenzt, mit einigen verschwommenen Streifen;

ca. 75 cm unterhalb der Leitbank II befindet sich eine weitere Steinsalzbank: 20—30 cm, mit deutlicher Liegend- und Hangendgrenze, in 1/3 und 2/3 Höhe je ein dunkler Streifen.

Leitbank II (3): 37 cm (33 bis 40 cm)

In halber Höhe Einlagerung eines 1 bis 2 cm breiten verschwommenen dunklen Streifens. Deutliche Bankbegrenzung durch Doppellöser im Liegenden, ein ca. 2 cm breites tonig-anhydritisches Band im Hangenden.

In Verbindung mit einem im Hangenden anschließenden 8—12 cm mächtigen Steinsalzbänkchen ist die Leitbank II sehr gut erkennbar. Das Begleitbänkchen ist im Liegenden und Hangenden durch eine tonig-anhydritische Schnur oder durch einen Löser sehr deutlich begrenzt. In der Mitte mit einem etwa 1 cm breiten verschwommenen dunklen Streifen.

Zwischenmittel II/III: 105 cm (95 bis 112 cm)

Tonig-anhydritisch gestreiftes Steinsalz, im oberen Drittel zunehmend gebankt.

Leitbank III (4): 65 cm (60 bis 70 cm)

Deutliche Liegend- und Hangendbegrenzung durch einen oder mehrere tonig-anhydritische Streifen, in 2/3 Höhe zweigeteilt durch zwei im Abstand von 5 cm verlaufende mm-starke Tonlöser oder tonig-anhydritische Streifen, dazwischen schwächerer dunkler Streifen.

Zwischenmittel III/IV: 330 cm (305 bis 376 cm)

Im unteren Teil überwiegend tonig-anhydritisch gebändertes bis gebanktes Steinsalz, 10—20 cm über der Leitbank III gelegentlich eine 20 cm mächtige unscharf begrenzte Steinsalzbank. Im mittleren und oberen Teil überwiegend tonig-anhydritisch gestreift. Nach oben verschwommener werdend, Streifung sich z. T. auflösend. In 2/3 Höhe oft eine ca. 10 cm breite Zone mit 3—4 kräftigen tonig-anhydritischen Streifen, häufig als dunkles Band hervortretend.

Steinsalzbänke treten auf (gemessen ab Leitbank III):

bei ca. 120 cm: 25—30 cm, verschwommen begrenzt;

bei ca. 220 cm: 30—50 cm, deutlich begrenzt, ca. 5—8 cm unter der Hangendgrenze einen tonig-anhydritischen Streifen enthaltend;

bei ca. 340 cm: 18—30 cm, gelegentlich 3 cm oberhalb der Liegendgrenze mit scharfer tonig-anhydritischer Schnur, dicht unter der Leitbank IV gelegen, nur durch 5—10 cm tonig-anhydritisch gestreiftes oder verunreinigtes, als dunkles Band wirkendes Steinsalz getrennt.

Leitbank IV (6): 60 cm

Im Liegenden deutlich begrenzt, ca. 10 cm oberhalb der Basis ein 2 bis 3 cm breites dunkles Band, seltener zwei Streifen. Unscharfe obere Bankbegrenzung durch tonig-anhydritische Verunreinigungen.

Zwischenmittel IV/V: 70 cm (60 bis 80 cm)

Nach 15—20 cm tonig-anhydritisch verschwommen gestreiftem bis verunreinigtem Steinsalz folgt eine 25—30 cm mächtige Steinsalzbank; danach 20—35 cm Steinsalz, durch tonig-anhydritische Streifen im Abstand von 2—3 cm sehr deutlich gebändert.

Leitbank V (7): 125 cm (120 bis 130 cm)

Im Abstand von 5, 10, 20 und 28 cm über der deutlichen Liegendgrenze je ein dunkler Streifen, gelegentlich der eine oder andere fehlend. Etwa 40 cm unter der meist undeutlichen Hangendgrenze eine gerade noch wahrnehmbare dunkle Streifung. Im Raum Sondershausen dunkle Streifung im mittleren Bankteil.

Zwischenmittel V/VI: 218 cm (123 bis 295 cm)

Wenige dm über Leitbank V ist eine 25—40 cm mächtige Steinsalzbank mit verschwommener Liegend- und Hangendbegrenzung ausgebildet. Sonst tonig-anhydritisch gestreiftes Steinsalz im Wechsel mit tonig-anhydritisch verunreinigten Steinsalzpartien und verschwommenen Steinsalzbänken. In 2/3 Höhe ist oft ein 20—25 cm mächtiger Horizont durch ca. 5 tonig-anhydritische Streifen in regelmäßigem Abstand gebändert.

Leitbank VI (8): 48 cm (45 bis 55 cm)

Liegendgrenze deutlicher als Hangendgrenze. Durch das Fehlen typischer Bankmerkmale allein schwer bestimmbar.

Zwischenmittel VI/VII: 273 cm (240 bis 330 cm)

Die unteren zwei Drittel verschwommen tonig-anhydritisch gestreift bis verunreinigt. Im unteren und oberen Teil vielfach eine ca. 20 cm mächtige, verschwommen begrenzte Steinsalzbank. Das obere Drittel (ca. 70—100 cm) ist durch deutliche tonig-anhydritische Streifen in drei Teilbänke gleicher Mächtigkeit geteilt. An der Basis der oberen Teilbank fast ausnahmslos ein Tonlöser oder mehrere, als dunkles Band wirkende tonig-anhydritische Streifen. Durch Einlagerung eines tonig-anhydritischen Streifens in 1/3 Höhe ist die obere Teilbank gelegentlich nochmals unterteilt.

Leitbank VII (9): 91 cm (85 bis 97 cm)

Deutliche Liegendbegrenzung durch einen wenige Millimeter starken Tonlöser oder ein 2 cm breites tonig-anhydritisches Band. Hangendgrenze sehr unscharf. 10 cm über der Basis mehrere undeutliche dunkle Streifen oder ein 1 bis 2 cm breites dunkles Band, gelegentlich auch bei 40 cm.

Unteres Bankdrittel im Raum Sondershausen mit größerer Anzahl dunkler Streifen durchsetzt.

Zwischenmittel VII/VIII: 153 cm (130 bis 168 cm)

Im Hangenden und Liegenden je mehrere Dezimeter tonig-anhydritisch gestreiftes Steinsalz. Dazwischen ein 80 bis 125 cm mächtiger Steinsalzhorizont, durch deutliche tonig-anhydritische Streifen in 3 bis 4 Teilbänke geteilt, die untere und obere Teilbank häufig noch zusätzlich dunkle Streifen enthaltend.

Leitbank VIII: 42 cm (37 bis 50 cm)

Sehr deutliche Hangendgrenze, durch tonig-anhydritisches Band oder Tonlöser. 5—10 cm über der Basis dunkler Streifen.

Zwischenmittel VIII/IX: 116 cm (105 bis 137 cm)

Unten 35—45 cm tonig-anhydritisch gestreiftes bis undeutlich gestreiftes Steinsalz. Oben ein 70—90 cm mächtiger Steinsalzhorizont, durch 1—3 deutliche Tonlöser etwa 30 cm unterhalb der Hangendgrenze zweigeteilt, ca. 10 cm über der Basis der Teilbänke gelegentlich dunkler Streifen.

Leitbank IX (10): 55 cm (45 bis 60 cm)

Deutliche Liegendgrenze durch Doppellöser oder 1 bis 2 cm breites dunkles Band, ca. 15 cm über der Liegendgrenze ein 1 cm breiter dunkler Streifen.

Zwischenmittel IX/X: 30 cm (25 bis 35 cm)

Durch ca. 6 tonig-anhydritische Schnüre gestreiftes Steinsalz.

Leitbank X (10a): 32 cm (30 bis 35 cm)

Hangendgrenze durch tonig-anhydritisches Band meist deutlicher als Liegendgrenze. Im Raum Bischofferode mit tonig-anhydritischem Mittelstreifen.

Zusammen mit der Leitbank IX als Bankgruppe sehr gut erkennbar.

Zwischenmittel X/1: 242 cm (225 bis 271 cm)

Durch einige Steinsalzbänke mit mehreren Dezimeter Mächtigkeit gekennzeichnet.

Über Leitbank X zunächst 60—85 cm tonig-anhydritisch gebändertes bis gebanktes Steinsalz, danach eine ca. 35 cm mächtige Steinsalzbank mit deutlichen tonig-anhydritischen Streifen oder mit Tonlöser an der Hangendgrenze, Liegendbegrenzung undeutlich. Nach 20—35 cm tonig-anhydritisch gestreiftem bis verunreinigtem Steinsalz folgt eine 20—35 cm mächtige, undeutlich begrenzte Steinsalzbank. Anschließend 10—25 cm tonig-anhydritisch gestreiftes bis verunreinigtes Steinsalz, z. T. als dunkles Band wirkend.

Die folgende 40—55 cm mächtige Steinsalzbank an der Basis mit kräftigem Tonlöser; ca. 10 cm über der Liegendgrenze ein 2—3 cm breiter dunkler Streifen, häufig noch im mittleren und oberen Bankteil dunkle Streifen enthaltend.

Die letzten 15—25 cm unter der 1. Leitbank des Kaliflözes Staßfurt bestehen aus kräftig tonig-anhydritisch gestreiftem Steinsalz mit sehr deutlichem Tonlöser in der Mitte.

5. Über den Zusammenhang zwischen großräumiger Salzverteilung im Staßfurtkalilager und der Ausbildung des Staßfurtsteinsalzes

Die Beziehung zwischen großräumiger Salzverteilung im Staßfurtflöz und der Ausbildung des Südharzsteinsalzes findet unter anderem ihren Ausdruck darin, daß unter den Hartsalz- und Mischsalzbaufeldern der Kaliwerke des mittleren und östlichen Südharzgebiets fast ausschließlich der graue Ausbildungstyp entwickelt ist. Das hat dazu geführt, daß bis vor kurzem das graugefärbte Steinsalz als die vorherrschende Normalausbildung angesehen wurde. In den grubenrandlich angrenzenden Gebieten großräumiger Carnallititverbreitung bzw. im darunter befindlichen Staßfurtsteinsalz standen in der Vergangenheit weitaus weniger Grubenaufschlüsse zur Verfügung. Die dort angetroffenen Beispiele gelblichrötlicher Ausbildung des Staßfurtsteinsalzes wurden zunächst als Sonderfälle aufgefaßt und nicht im Zusammenhang gesehen, oder sie wurden falsch gedeutet, durch A. RICHTER (1962, 1964) beispielsweise als Liegendgruppe des Staßfurtflözes.

Die untertägige, oft weit feldwärts reichende Erkundung der letzten Jahre erbrachte viele neue Aufschlüsse auch in den großräumigen Gebieten ausschließlicher Carnallititführung des Kalilagers. Zusammen mit den übrigen Grubenaufschlüssen und den OT-Tiefbohrungen wurden sie in Hinblick auf die Ausbildung und die Verteilung der beiden Na2γ-Typen ausgewertet.

Die Untersuchungen ergaben ein eindeutiges Bild der Verteilung beider Na2γ-Typen (Abb. 6):

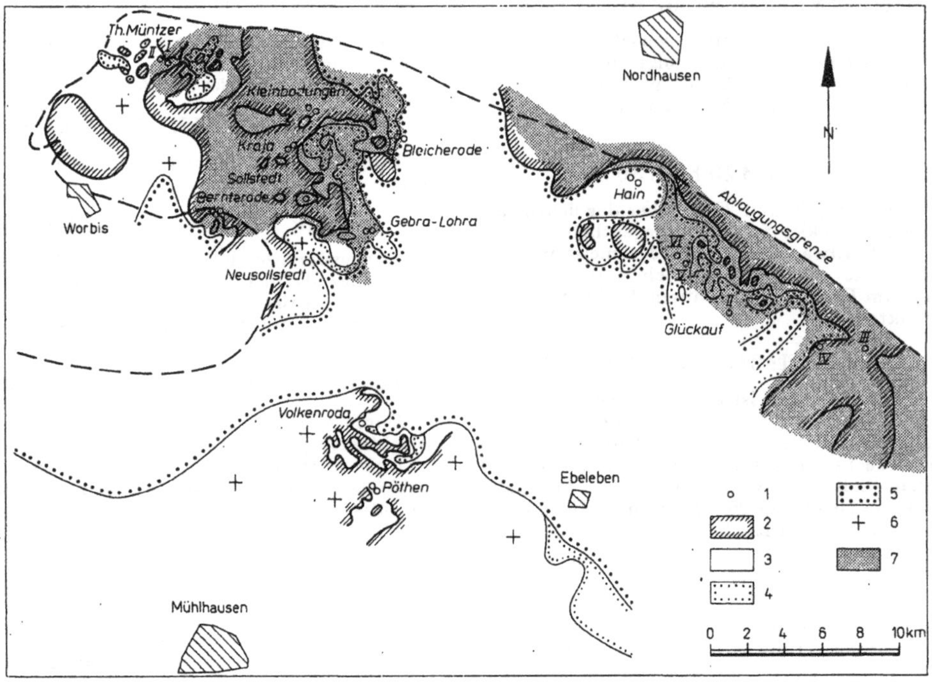

Abb. 6. Verbreitung des gelblichrötlichen und grauen Südharzsteinsalzes (Na 2 γ) in Beziehung zur Salzverteilung im Staßfurtkalilager (Salzverteilung nach STOLLE 1968)

1 — Schacht; 2 — Totalvertaubung; 3 — Hartsalz; 4 — Carnallit und Hartsalz; 5 — Carnallit ohne wesentliche Hartsalzvorkommen; 6 — Hartsalz und Vertaubung, vorwiegend deszendenter Entstehung; 7 — graues Südharzsteinsalz

1. Die gelblichrötliche Ausbildung des Südharzsteinsalzes kann den großen Carnallititarealen des Südharzgebiets zugeordnet werden.

2. Der graue Ausbildungstyp ist an die Großvertaubungen und an die daran angrenzenden Hartsalzgürtel gebunden, sofern diese aszendenter Entstehung sind.

3. Unterhalb der Mischsalzareale vollzieht sich der Übergang zwischen beiden Ausbildungstypen.

Der Übergang zwischen dem gelblichrötlichen und dem grauen Ausbildungstyp ist in Abb. 7 schematisch dargestellt. Diese Darstellung stützt sich auf Beobachtungen entlang der ca. 5 km langen Übergangszone Mischsalz/Carnallitit im nördlichen und östlichen Grubenfeld der Schächte Bleicherode. Stets greift die graue Ausbildung im Hangenden weiter gegen das großräumige Carnallititverbreitungsgebiet vor. Im unteren Teil des Südharzsteinsalzes dagegen reicht die gelblichrötliche Ausbildung bis dicht unter den Bereich reiner Hartsalzentwicklung des K 2. Besonders im oberen Südharzsteinsalz ist eine weitreichende und enge Verzahnung feststellbar. In den tonig-anhydritisch gestreiften und gebänderten Zwischenmitteln stößt die graue Ausbildung weit in die rötliche vor. Umgekehrt bleibt die gelblichrötliche Färbung der Steinsalzbänke im sonst grauen Südharzsteinsalz über weite Erstreckung erhalten.

Dieser offensichtliche Zusammenhang zwischen Vertaubung und Hartsalz einerseits und dem grauen Ausbildungstyp des Na 2 γ andererseits verlangt nach einer Erklärung. Es spricht vieles dafür, daß beide Ausbildungsformen des Kalilagers im Raum Sondershausen, Bleicherode und Sollstedt aus dem ursprünglich carnallitischen Kaliflöz durch Einwirkung aszendenter Lösungen hervorgegangen sind. Die für den Umwandlungsprozeß erforderlichen beträchtlichen Lösungsmengen müssen, soweit man sie nicht aus dem Staßfurtsteinsalz selbst herleiten will, ihren Weg durch die Liegendschichten des Staßfurtflözes genommen haben. Nur bei der Annahme eines spaltengebundenen Aufstiegs durch das Na 2 und ausschließlicher schichtungsparalleler Wanderung im Kalilager kann erwartet werden, daß die aufgestiegenen Lösungen ohne jeglichen Einfluß auf das Staßfurtsteinsalz geblieben sind.

Mit einer Lösungswanderung lassen sich folgende Merkmale und Erscheinungen zwanglos erklären:

1. in Abhängigkeit von Chemismus und Redoxpotential der Lösung die Entfärbung des gelblichrötlichen Steinsalzes,

2. der im Vergleich zur rötlichen Ausbildung verschwommene Schichtungscharakter des grauen Na 2 γ,

3. die fehlenden Kalisalzeinlagerungen im grauen Staßfurtsteinsalz,

4. die Verbandsverhältnisse zwischen dem grauen und rötlichen Typ.

Es gibt keine Anhaltspunkte dafür, daß die beiden Na 2-Ausbildungstypen auf eine primäre Differenzierung zurückzuführen sind. Für grundsätzlich ähnliche Sedimentationsbedingungen in beiden Verbreitungsgebieten sprechen der übereinstimmende feinstratigraphische Aufbau und der Nachweis der als Sedimentstrukturen zu deutenden Gefügeformen in beiden Typen des Südharzsteinsalzes.

Das Auftreten des grauen Na 2-Ausbildungstyps unter den Vertaubungs- und Hartsalzarealen kann u. E. als ein weiterer Hinweis auf die Beteiligung aszendenter Lösungen am Umbildungsprozeß des Kalilagers gewertet werden. Die durchgehende Veränderung des Südharzsteinsalzes läßt erkennen, daß die Umbildungslösungen aus dem Liegenden des Staßfurtsteinsalzes stammen. Die aufsteigenden Lösungen breiteten sich als Folge der dort vorhandenen guten Durchlässigkeit auch parallel zur Schichtung aus. Die Wegsamkeit war verständlicherweise im gutgeschichteten oberen Südharzsteinsalz besser als im unteren Südharzsteinsalz mit zurücktretender Schichtung, und sie war in den tonig-anhydritisch gestreiften und gebänderten Zwischenmitteln wiederum besser als in den kompakten Steinsalzbänken. Auf diese Weise können die Verbandsverhältnisse zwischen grauem und rötlichem Steinsalz einleuchtend erklärt werden.

Bei dem vermutlichen Chemismus der aufsteigenden Lösungen wird verständlich, daß sich dort, wo sie hindurchgewandert sind, keine Kalisalzeinlagerungen im Staßfurtsteinsalz erhalten konnten. Die $CaSO_4$-haltigen und NaCl-gesättigten Lösungen lösten die Kalisalze auf und schieden dafür NaCl und $CaSO_4$ aus. Die zahlreichen Anhydrit-Halit-Einlagerungen im grauen Südharzsteinsalz, die ihrer Form und Größe nach völlig den Carnallitnestern und -spalten im gelblichrötlichen Steinsalz entsprechen, wären in diesem Sinne als „vertaubte" Carnalliteinlagerungen zu deuten.

Die aufgedeckten Beziehungen zwischen der Ausbildung des Staßfurtsteinsalzes und des Kalilagers Staßfurt stellen eine zusätzliche Möglichkeit dar, um großräumig solche Gebiete, in denen die Flözdifferenzierung deszendente Ursachen hat, von solchen abzugrenzen, wo in erster Linie die Einwirkung aszendenter Lösungen zur heutigen Salzverteilung geführt hat. Wenn also das Südharzsteinsalz unter größeren Vertaubungen und Hartsalzfeldern in der gelblichrötlichen Ausbildung vorliegt, kann mit ziemlicher Sicherheit der Einfluß aszendenter Lösungen ausgeschlossen werden (Raum Volkenroda und z. T. Bischofferode).

Gute Dienste leistet die Kenntnis der Zusammenhänge von Flöz- und Na 2-Ausbildung auch dann, wenn es gilt, die großräumige Hartsalz-(Mischsalz-)Höffigkeit im Gebiet Bleicherode, Sollstedt und Sondershausen zu beurteilen. Treten im liegenden Staßfurtsteinsalz von Baufeldern, die sich feldwärts entwickeln, zunehmend Merkmale des gelblichrötlichen Ausbildungstyps auf, dann sind das Anzeichen dafür, daß man sich großräumigen Carnallititgebieten nähert und daß das Hartsalz bald aussetzen dürfte.

6. Bromuntersuchungen

Mit den Bromuntersuchungen wurden drei Ziele verfolgt:

a) Es sollten zusätzliche Angaben über den Charakter des kalisalz- und kieseritführenden Horizonts an der Hangendgrenze des anhydritischen Steinsalzes gewonnen werden. Insbesondere ging es um die Frage, ob mit Annäherung an diesen Horizont ein Anstieg der Br-Gehalte nachweisbar ist und welche Br-Gehalte in der kalisalzführenden Lage selbst erreicht werden.

b) Es interessierte weiterhin die Frage, ob sich die einzelnen Steinsalzleitbänke im oberen Südharzsteinsalz durch bestimmte Br-Gehalte charakterisieren lassen.

c) Es sollte, ausgehend von der Vorstellung, daß die graue Na 2-Ausbildung unter der Einwirkung aszendenter Lösungen aus dem rötlichen Südharzsteinsalz hervorgegangen ist, geprüft werden, ob sich aus den Bromanalysen Hinweise auf einen derartigen Vorgang ableiten lassen.

Das Probengut für die Bromanalyse wurde mittels Stück- und Schlitzproben entnommen. Die Proben aus dem anhydritischen Steinsalz (Na 2β) sind durchweg Stückproben. Bei der Fragestellung im oberen Südharzsteinsalz erschien es uns angebracht, die Beprobung durch Schlitzen vorzunehmen. Die Schlitzlänge beträgt nur wenige Dezimeter, ganz selten überschreitet sie 0,5 m.

Es wurden vier Profile von der Leitbank I bis X durchgehend untersucht, drei davon in der rötlichen und eine Probenserie in der grauen Südharzsteinsalzausbildung. Jede Leitbank wurde im Umkreis von nicht mehr als drei Metern mehrfach beprobt, indem an jeweils drei verschiedenen Stellen ein Schlitz durch die Bank gelegt wurde. In drei Profilen wurde dabei von jedem Schlitz aus dem unteren, dem mittleren und dem oberen Bankteil eine getrennte Probe gewonnen, so daß also von jeder Leitbank in einem begrenzten Bereich neun

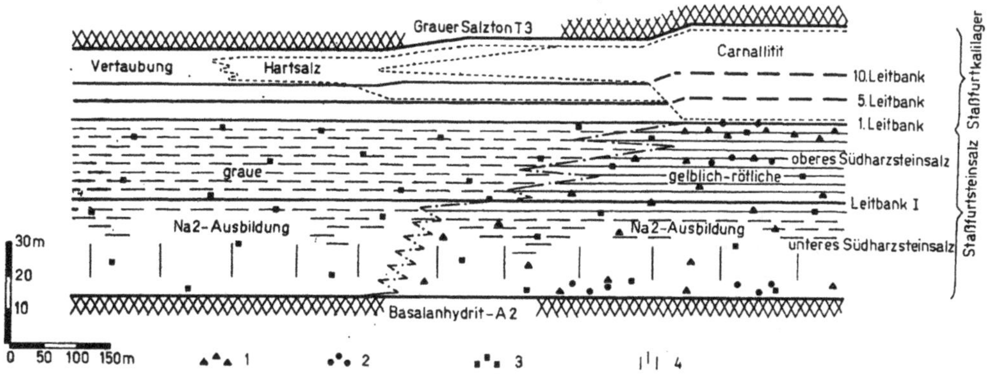

Abb. 7. Schematische Darstellung der Zusammenhänge zwischen der Ausbildung des Staßfurtsteinsalzes und des Staßfurtkalilagers

1 — Carnallit, 2 — Sylvin, 3 — Kristallsalz, 4 — Vertikalstreifung

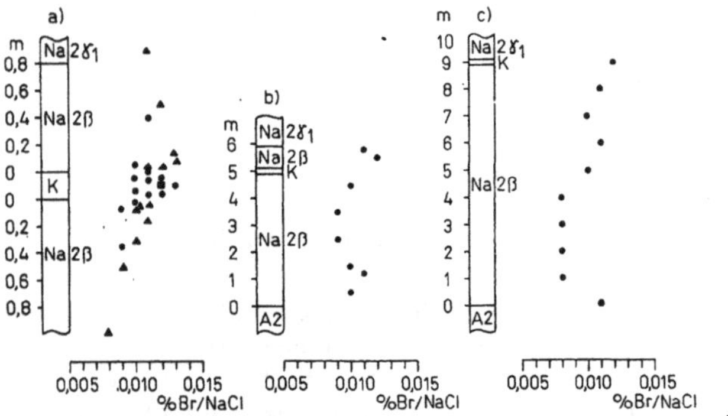

Abb. 8. Bromverteilung im anhydritischen Steinsalz (Na 2β) der Grube Bleicherode

(K – Kalisalz- bzw. Kieseritlage); a) Kreis – Förderstrecke VII NW, Dreieck – Förderstrecke VI/6 N, Quadrat – Nordstrecke; b) Förderstrecke VI/6 N; c) Nordstrecke

Proben anfielen. Die Zwischenmittel wurden nur in einem Profil untersucht. Die Schlitzlänge richtete sich hier nach dem feinstratigraphischen Aufbau.

Alle Brombestimmungen wurden im Labor des Kali-Forschungsinstituts Sondershausen durchgeführt.

Die Analysenergebnisse sind in Abb. 8 und 9 dargestellt.

Im anhydritischen Steinsalz (Na 2β) liegen die Bromgehalte zwischen 0,008 und 0,012% Br/NaCl, in der Mehrzahl zwischen 0,010 und 0,012% (Abb. 8). NACHSEL (1964) hat im Raum Sondershausen an der Grenze Na2β zu Na $2\gamma_1$ ebenfalls Bromgehalte in dieser Höhe nachgewiesen. Im selben Gehaltsbereich bewegen sich auch die Br/NaCl-Werte des kalisalzführenden Horizontes. Zwar läßt sich mit Annäherung an diesen Horizont ein leichter Anstieg der Bromgehalte von 0,008–0,009 auf 0,010–0,012% feststellen, doch ist es u. E. ungerechtfertigt, darin eine bis zur Abscheidung von Kalisalzen führende Konzentrationserhöhung zu sehen (NACHSEL 1964, KRÖLL & NACHSEL 1967). Bei progressiver Eindunstung von Meerwasser kristallisieren Kalisalze zusammen mit einem Steinsalz, das Br/NaCl-Gehalte von 0,011–0,013% besitzt, nicht aus. Nach der theoretischen Bromverteilung und den damit in Übereinstimmung stehenden Untersuchungsergebnissen von verschiedenen Lagerstätten sind am Übergang Steinsalz/Kalilager Br/NaCl-Gehalte bei und über 0,020% zu erwarten (BRAITSCH 1962).

Die im oberen Südharzsteinsalz festgestellte Bromverteilung (Abb. 9) läßt erkennen, daß es kaum möglich sein dürfte, die einzelnen Steinsalzleitbänke durch unterschiedliche Br/NaCl-Werte zu kennzeichnen. Auffallend ist vielmehr, daß sich innerhalb der 20 m mächtigen Folge von der Leitbank I bis VIII die Bromgehalte kaum verändern. Sie liegen im Schnitt durchweg bei 0,017–0,018%, lediglich die beiden mächtigen Steinsalzpakete der Leitbank V und VII erreichen Durchschnittsgehalte von 0,019%. Ein deutlicher Anstieg auf 0,020–0,022% Br/NaCl setzt erst wenige Meter unterhalb der 1. Leitbank des Staßfurtflözes im Niveau der Leitbank IX ein. Die Streuung der Bromgehalte innerhalb der einzelnen Steinsalzleitbänke ist beträchtlich. Sie beträgt bis zur Leitbank V 0,003–0,004% und darüber 0,004 bis 0,005% Br/NaCl. Die niedrigsten Bromgehalte liegen in den Bänken I–VIII recht einheitlich bei 0,016 bis 0,017%, dagegen erscheinen die Schwankungen in Richtung auf höhere Gehalte weitaus differenzierter. Irgendwelche Regelmäßigkeiten hinsichtlich der Bromgehalte im unteren, mittleren und oberen Bankteil konnten nicht festgestellt werden.

Die Frage nach möglichen Auswirkungen von aszendenten Lösungen, die durch das Staßfurtsteinsalz

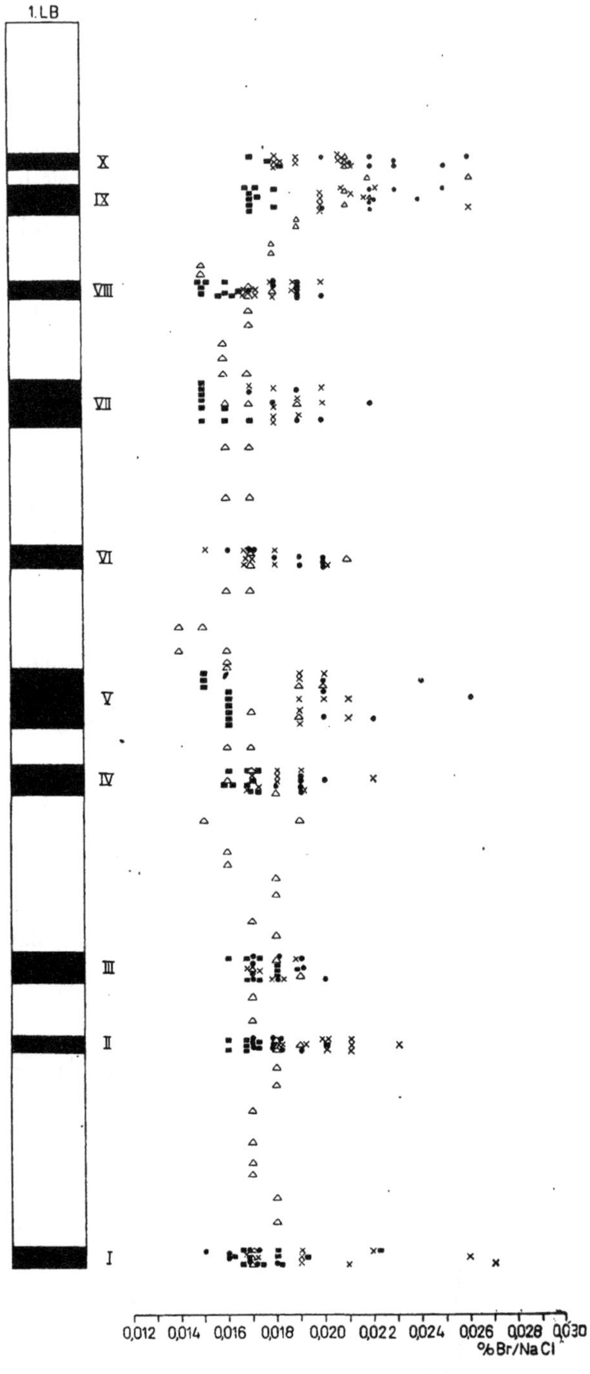

Abb. 9. Bromverteilung im oberen Südharzsteinsalz (Na $2\gamma_2$) der Grube Bleicherode

Kreis – Förderstrecke III Ost, Dreieck – Bandstrecke, Kreuz – J-Strecke (Maschine I) } rötliche Na 2γ-Ausbildung
Quadrat – Förderstrecke 56 und IV. Querschlag (graue Na 2γ-Ausbildung)

wanderten und den grauen Na 2-Typ erzeugten, kann anhand des einen untersuchten Profils aus dem grauen Staßfurtsteinsalz nicht mit Sicherheit beantwortet werden. Aus den vorliegenden Ergebnissen (Abb. 9) könnte auf eine leichte Erniedrigung der Br/NaCl-Gehalte in der grauen Ausbildung geschlossen werden. Sie liegen ca. 0,002% unter den Werten der rötlichen Ausbildung. Es muß abgewartet werden, ob weitere Untersuchungen einen derartigen Gehaltssprung bestätigen.

7. Ergebnisse

Die wichtigsten Ergebnisse der vorliegenden Arbeit sind:

a) Das anhydritische Steinsalz (Na 2 β), dessen Verbreitung innerhalb des Südharzkalireviers bisher nur vom östlichen Teil, dem Raum Sondershausen, bekannt war, tritt auch im mittleren Südharzkalirevier auf. Wie im Raum Sondershausen befindet sich an seiner Hangendgrenze ein kalisalzführender kieseritischer Horizont. Die Bromgehalte von 0,010—0,012% Br/NaCl sowohl im anhydritischen Steinsalz als auch in der kalisalzführenden Lage und die Mineralverteilung in der betreffenden Lage schließen die normale Bildung des Kalisalzhorizonts durch progressive Eindunstung einer Beckenlösung, wie sie NACHSEL (1964) annimmt, aus.

b) Das rötlichgefärbte, gutgebankte Südharzsteinsalz stellt die Normalausbildung des Südharzsteinsalzes dar. Es handelt sich nicht, wie bisher angenommen (LANGBEIN & SEIDEL 1960, STOLLE 1964), um eine Bildung am Beckenrand oder über Untiefenzonen. Vielmehr erstreckt sich dieser Ausbildungstyp über das gesamte Südharzkalirevier. Neben der rötlichen Farbe und der deutlichen Bankung sind für diesen Ausbildungstyp Nester und Spalten von Carnallit und Sylvin charakteristisch.

c) Die oberen 20—25 m des Südharzsteinsalzes lassen sich bei rötlichgebankter Ausbildung in derselben Weise wie die Liegendgruppe des Staßfurtflözes durch Steinsalzleitbänke gliedern. Es wurden 10 Leitbänke (I—X) ausgeschieden und die Gültigkeit dieser Gliederung über das gesamte Südharzkalirevier nachgewiesen.

d) Ursprünglich zeigte das gesamte Südharzsteinsalz eine durchgehende deutliche Bankung. Durch frühdiagenetische Umkristallisationen, die im unteren Teil des Südharzsteinsalzes besonders wirksam waren, gingen der Bankungs- und z. T. der gesamte Schichtungscharakter verloren. Die auf diese Gefügeunterschiede aufbauende Zweiteilung in ein unteres ungebändertes und ein oberes gebändertes Südharzsalz (SEIDEL 1961) wird ersetzt durch die Gliederung in ein unteres und ein oberes Südharzsteinsalz. Die Grenze zwischen beiden Teilkomplexen bildet die Leitbank I.

e) Aus der Verbreitung des roten und grauen Na 2-Ausbildungstyps und ihrer Beziehung zur großräumigen Salzverteilung im Kaliflöz Staßfurt sowie aus den Verbandsverhältnissen zwischen beiden Typen konnte abgeleitet werden, daß das graue Südharzsteinsalz unter der Einwirkung aszendenter Lösungen aus dem rötlichen Südharzsteinsalz hervorgegangen ist und damit den Aufstieg dieser aszendenten Umbildungslaugen markiert.

Unter den großräumigen Carnallititgebieten tritt durchweg der rötliche Ausbildungstyp des Südharzsteinsalzes auf. Dagegen ist das graue Südharzsteinsalz an die großräumigen Vertaubungs-, Hartsalz- und Mischsalzverbreitungsgebiete aszendenter Entstehung gebunden.

Wird unter Vertaubungs-, Hartsalz- und Mischsalzarealen großer Ausdehnung dennoch rötliches Südharzsteinsalz angetroffen, dann können mit ziemlicher Sicherheit aszendente Ursachen für die Salzverteilung im Kaliflöz ausgeschlossen werden. Vielmehr ist hier die Salzverteilung auf Umbildungen durch deszendent einwirkende Lösungen zurückzuführen (DÖHNER 1968).

Zusammenfassung

Im Südharzkalirevier wird das Staßfurtsteinsalz in ein liegendes anhydritisches Steinsalz und ein hangendes Südharzsteinsalz gegliedert. Bis vor kurzem war das anhydritische Steinsalz nur aus dem östlichen Teil des Südharzkalireviers bekannt. Neuere Beobachtungen wiesen es auch im Raum Bleicherode nach.

Die Untersuchungen im Südharzsteinsalz zeigten, daß in dieser Folge zwei Ausbildungstypen unterschieden werden müssen. Die Normalausbildung besteht aus einem gelblichrötlichen, gebankten und häufig kalisalzführenden Steinsalz. Es handelt sich dabei nicht, wie gelegentlich angenommen, um eine Sonderentwicklung am Beckenrand oder über Schwellenzonen. Vielmehr ist dieser Steinsalztyp stets unter den großräumigen Verbreitungsgebieten ausschließlicher Carnallititführung des Kalisalzflözes Staßfurt anzutreffen. Das graue Südharzsteinsalz ist in seiner Verbreitung auf die Gebiete großräumiger Vertaubungs- und Hartsalzausbildung des K 2 beschränkt. Es spricht vieles dafür, daß dieser Na2-Typ unter dem Einfluß aszendenter Umbildungslösungen aus der ursprünglich überall verbreiteten gelblichrötlichen Ausbildung hervorgegangen ist. In den oberen 20—25 m des gelblichrötlichen Südharzsteinsalzes ist ähnlich wie in der Liegendgruppe des Staßfurtflözes eine für das gesamte Südharzkalirevier gültige Leitbankgliederung möglich. Die Unzulänglichkeiten der bisherigen Untergliederung in ein ungebändertes und ein gebändertes Südharzsteinsalz werden dargestellt und eine neue Grenzziehung begründet. Bromanalysen ergänzen die Untersuchungen.

Резюме

В калийной области Южного Гарца штасфуртская каменная соль делится на подошвенную ангидритовую каменную соль и на кровельную южногарцевую каменную соль. До недавнего времени ангидритовая каменная соль была известна лишь в восточной части калийной области Южного Гарца. Новые наблюдения доказали ее также в области Блейхероде.

Исследования южногарцевой каменной соли показали, что в этой серии необходимо выделять два типа образований. Нормальное образование представляет собой желтовато-красноватую, распластованную и часто калиеносную каменную соль. При этом здесь не имеет места, как часто предполагается, особое развитие прибортовой или пороговой зон. Гораздо чаще этот тип каменной соли встречается среди обычно широких областей распространения исключительно карналлитоносных калийных пластов Штасфурт. Серая южногарцевая каменная соль в своем распространении ограничивается районами развития пустой породы и хартзальца К 2. Многое говорит за то, что этот тип возник под влиянием асцендентных преобразующих растворов из первоначально повсюду распространенного желтовато-красноватого типа. В верхних 20—25 м желтовато-красноватой южногарцевой каменной соли, также как и в подошвенной части штасфуртского пласта возможно общепринятое для всей калийной области Южного

Гарца расчленение на опорные пласты. Показываются недостатки прежнего расчленения на нераспластованную и распластованную южногарцевую каменную соль и обосновывается новое проведение границ. Бромовые анализы уточняют исследования.

Summary

In the potash district of the South Harz the Stassfurt rock salt is divided into an underlying anhydritic rock salt and an overlying South Harz potash salt. Until recently, anhydritic rock salt was only known from the eastern part of the potash district of the South Harz. By more recent observations it was also demonstrated in the Bleicherode area.

From investigations of the rock salt in the South Harz results that two types of development must be distinguished in this suite. The normal development consists of a yellowish-reddish, layered rock salt often containing rock salt. This is not a special development at the margin of the basin, or a development across ridge zones, as was supposed at times. This type of rock salt is always found below the wide distributive areas of the potash-salt seam of Stassfurt exclusively containing carnallitite. The distribution of the grey rock salt of the South Harz is limited to the areas of large impoverishment and hard-salt development of K 2. Much seems to indicate that this Na 2 type arose under the influence of ascending solutions of replacement from the yellowish-reddish development originally distributed everywhere. Similarly to the underlying group of the Stassfurt seam, a classification into key massive layers valid for the whole potash district of the South Harz can be made in the upper 20 to 25 m of the yellowish-reddish rock salt of the South Harz. The deficiencies of the present subdivision into a banded and an unbanded rock salt of the South Harze are described and the reasons for tracing a new boundary are given. The studies are completed by analyses of bromine.

Literatur

AHLBORN, O.: Der geologische Bau des Grubenfeldes der von Velsen-Schächte. – Ms. Arch. VEB Kaliwerk „Karl Liebknecht", Bleicherode 1936.

BRAITSCH, O.: Entstehung und Stoffbestand der Salzlagerstätten. – Mineralogie und Petrographie in Einzeldarstellungen, Bd. 3, Berlin–Göttingen–Heidelberg 1962.

DIETZ, C.: Tektonik und Salz des Unteren Eichsfeldes. – Abh. preuß. geol. Landesanst., N. F., 95, 83–109, Berlin 1923/25.

DÖHNER, CH.: Ausbildung und Genese des Steinsalzbesteges des Staßfurtflözes im Südharzgebiet und seine Bedeutung für die geologische Erkundung. – Unveröff. Forsch.-Ber., Kali-Forschungsinst. Sondershausen (1965).

– Der Grenzbereich zwischen Staßfurtflöz und grauem Salzton und seine genetische Bedeutung. – Unveröff. Diss. Bergakad. Freiberg (1968).

GRUMBT, E., & H. LÜTZNER: Zur Leitbankgliederung des Staßfurtsteinsalzes und -kalilagers der Schachtanlage Volkenroda–Pöthen (Thüringen). – Z. angew. Geol., 6, 197–203, Berlin 1960.

LANGBEIN, R., & G. SEIDEL: Zur Geologie im Gebiet des Holunger Grabens (Ohmgebirgsgrabenzone). – Geologie, 9, 36–57, Berlin 1960.

KRÖLL, D.: Geologisch-petrographische Untersuchungen der Ausbildung des Staßfurt-Steinsalzes im westlichen Teil des Südharz-Gebietes. – Unveröff. Dipl.-Arb., geol. Inst., Freiberg 1964.

KRÖLL, D., & G. NACHSEL: Zur Ausbildung des Staßfurtsteinsalzes im Südharz-Kalirevier. – Geologie, 16, 269–279, Berlin 1967.

NACHSEL, G.: Feinstratigraphie und mineralogisch-petrographische Bearbeitung des Staßfurt-Steinsalzes unter besonderer Berücksichtigung der Oberkante des Basalanhydrits in den Gruben I, V und VI des VEB Kaliwerk „Glückauf", Sondershausen. – Unveröff. Dipl.-Arb., geol. Inst., Freiberg 1963.

– Zur Faziesdifferenzierung im Staßfurt-Steinsalz im Gebiet Sondershausen. – Ber. geol. Ges. DDR, 9, 667–678, Berlin 1964.

RICHTER, A.: Die Rotfärbung in den Salzen der deutschen Zechsteinlagerstätten. – 1. Teil: Chemie d. Erde, 22, 508–546, Jena 1962; 2. Teil: Chemie d. Erde, 23, 179–203, Jena 1964.

SCHACHL, E.: Das Muschelkalksalz in Südwestdeutschland. – N. Jb. Geol. Paläont., Abh., 98, 309–394, Stuttgart 1954.

SCHÜTZE, R.: Mineralogisch-petrographische Untersuchung der Kaligrube Pöthen. – Unveröff. Dipl.-Arb., min. Inst., Jena 1957.

SEIDEL, G.: Zur Stratigraphie des Zechsteins und Buntsandsteins im Südharzkalirevier. – Geologie, 10, 952–972, Berlin 1961.

STOLLE, E.: Zur stratigraphischen Gliederung des Kaliflözes Staßfurt im Südharzgebiet. – Abh. dt. Akad. Wiss., Kl. Bergbau, Hüttenwes. Montangeol., Jg. 1964 (Festschr. 65. Geburtstag von F. DEUBEL), 147–161, Berlin 1964.

– Salzlagerstätten und geologische Erkundung. – In: Kali- und Steinsalzbergbau. – Hrsg. W. GEMM, Leipzig 1968.

Über Pechsteinvorkommen in der Umgebung von Meißen

W. P. PETROW & N. I. SERGEJEW, UdSSR

Die seit langem bekannten Pechsteinvorkommen an den Hängen der Elbufer stellen unseres Erachtens einen wichtigen mineralischen Rohstoff dar, der zur Produktion der unterschiedlichsten Blähungsprodukte, wie Filtriermaterial und Leichtzuschläge für Beton, weitgehend zu verwenden ist, die als äußerst wichtige Baumaterialien auf dem gesamten Territorium der Deutschen Demokratischen Republik genutzt werden können.

Das Pechsteinvorkommen in der unmittelbaren Nähe von Meißen, flußabwärts nahe der hier verlaufenden Chaussee gelegen, wurde einem der Autoren (W. P. PETROW) von dem Kollegen J. BUCHWALD gezeigt.

Der Pechstein ist hier in einigen Uferfelsen und Chausseeböschungen aufgeschlossen. Es wurden jedoch, soviel uns bekannt ist, bisher keine eingehende Untersuchung und Erkundung durchgeführt.

Als Pechstein bezeichnet man hier traditionsgemäß saures wasserhaltiges vulkanisches Glas, das offenbar einen bestimmten Anteil einer glasigen Zone des dortigen kristallisierten Quarz-Porphyr-Körpers einnimmt. Dieser Körper dringt in eine im Südosten der DDR weit entwickelte permische vulkanogene (im wesentlichen Quarz-Porphyr-)Schichtenfolge ein. Eine Klärung der genauen Lagerungsform des vulkanischen Glases kann nur nach einer eingehenden Untersuchung des entsprechenden Eruptionsapparats erfolgen, in dessen Bestand dieses Glas auftritt. Leider sind durch das hohe relative Alter des Gesteins und die subsequenten Prozesse der folgenden Sedimentbildung und Erosion die durch vulkanische Prozesse entstandenen Formen, die die Ausgangsposition des vulkanischen Glases erkennen lassen würden, nicht erhalten und können nur durch eine eingehende Untersuchung geklärt werden. Da man sich z. Z. nur auf den Habitus des Glases selbst und auf charakteristische Aufschlüsse stützen kann, ist mit gewisser Sicherheit anzunehmen, daß das Glas einen randlichen, gehärteten Teil des hier existierenden Quarz-Porphyr-Kegels darstellt, der den jüngeren kretazischen Kegeln Transbaikaliens und den tertiären Kegeln der Karpaten ähnlich ist, an die das gegenwärtig in Abbau befindliche Glas in der Sowjetunion, der ČSSR und der Ungarischen VR gebunden ist.

Eingang des Manuskripts in der Redaktion: 27. 2. 1970.
Übers.: H. PATZE, Berlin.
Wissenschaftliche Bearbeitung; G. TZSCHORN, ZGI, Berlin.

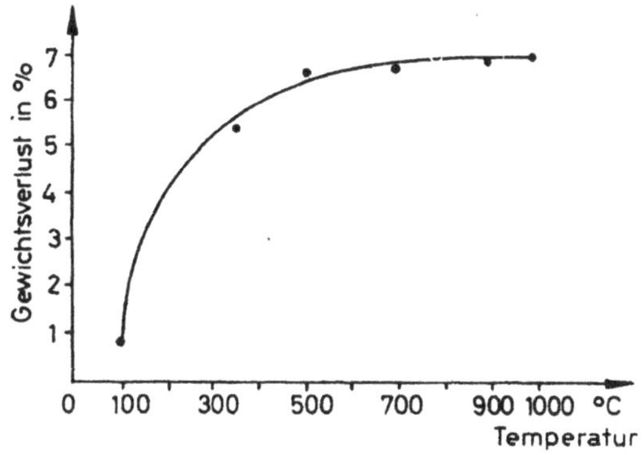

Abb.: Die Abhängigkeit der Gewichtsverluste von der Erhitzungstemperatur des Meißener wasserhaltigen vulkanischen Glases

In all diesen Fällen besitzen die Vulkankegel einen durchaus gesetzmäßigen Aufbau. Im Zentrum des Kegels lagert ein vollständig auskristallisiertes Quarz-Porphyr- (Liparit- oder Liparit-Dazit-) Gestein, das eine charakteristische, als Fächer vom Kratergebiet ausgehende Absonderung aufweist. Zur Peripherie der Kuppel hin lagern glasigere Varietäten, die randlich in kompaktes vulkanisches Glas übergehen. Gewöhnlich lagert in dem vulkanischen Glas, das bisweilen eine Mächtigkeit bis zu 100 m aufweist, noch eine kleine Folge einer sogenannten „Kuppelbrekzie", die aus eckigen Bruchstücken des gleichen glasigen Gesteins besteht. Praktische Bedeutung haben sowohl die randlichen glasigen Gesteine der Kuppel als auch die Kuppelbrekzie.

Nach seiner Eruption bleibt das Glas nicht unverändert. Es unterliegt einer ganzen Reihe von äußeren Einwirkungen, von denen für die Verhältnisse von Meißen vier Vorgänge am wichtigsten sind:

a) die hydrothermale postvulkanische Vertonung;

b) die sekundäre Hydratation (Perlitisierung, Marekanitisierung) des Glases;

c) die diagenetische Felsitisierung;

d) die subsequente alte regionale Kaolinisierung.

All diese Prozesse haben überaus wichtige praktische Bedeutung, da sie die Eigenschaften des Glases stark ändern.

Nach der Eruption unterliegt das vulkanische Glas wie alle Gesteine der Einwirkung postvulkanischer Lösungen oder Gasströme. Im Ergebnis dieser Einwirkung wird ein Teil des vulkanischen Glases in montmorillonitische Tone umgewandelt. Die Kristalle des Montmorillonits entstehen entlang den Lösungswegen im Glas und unmittelbar in der Glasmasse.

Eine eingehende Untersuchung des vulkanischen Glases zeigt, daß sich in allen Fällen während der Eruption und während des Erstarrens der Lava ein wasserarmes Glas bildete, das später unter der Wirkung der das Gestein durchtränkenden Bergfeuchtigkeit hydratisiert wurde. Das ist durch Laborversuche und durch das Vorhandensein einer originellen „Marekanit"-Struktur aus dem Zentralkern des wasserarmen Glases (Obsidiankern) und einer Randzone unterschiedlich stark hydratisierten Glases nachzuweisen. Um den Kern des Glases verschiedener Hydratationsstufen herum bilden sich charakteristische kugelige Spalten perlitischer Absonderung (Perlitstruktur).

Der Prozeß der Felsitisierung erfolgte wahrscheinlich nach der Einbettung des glasigen Gesteins in die Schichtenfolge der vulkanogenen Ablagerungen im unteren Mesozoikum, setzte sich jedoch bis zur Epoche der Peneplanisierung des Geländes fort. Die Felsitisierung schließt mit der Auskristallisation des Glases zu einem sehr dichten Korngemisch von Quarz und Feldspat ab. Diese Auskristallisation kann vollständig, aber auch nur partiell sein. In der Meißener Lagerstätte sind offensichtlich alle Übergänge zwischen den Gläsern vorhanden, deren ursprüngliche Natur auch bei einem vollständig auskristallisierten Felsit erhalten ist.

Ein weiterer Prozeß der Glaszerstörung erfaßte den Meißener Pechstein. Der ganze Bereich Meißen wurde ebenso wie der gesamte Süden der Deutschen Demokratischen Republik von einer alten kaolinischen Verwitterung ergriffen. Der Kaolin entstand auch auf Kosten des Pechsteins, als dieser in den Verwitterungsbereich geriet. Insbesondere die Kaolinlagerstätten in der Nähe des Dorfes Seilitz südöstlich von Meißen bildeten sich bei einer Kaolinisierung der dem beschriebenen wahrscheinlich nahestehenden Pechsteine.

Alles oben Erwähnte hat eine direkte Beziehung zur praktischen Verwendung der Pechsteine, d. h. sowohl die hydrothermale Montmorillonitisierung des Glases als auch seine Kaolinisierung durch die Verwitterung. Insbesondere hat die Felsitisierung einen stark negativ wirkenden Einfluß auf die Blähfähigkeit des Glases gehabt. Wenn jedoch neben den neugebildeten Mineralen im Gestein eine gewisse Menge von Glas erhalten ist, kann dieses Gestein immer noch als mineralischer Rohstoff betrachtet werden. Im Gegensatz dazu muß man den Prozeß der sekundären Hydratation des Glases und die Bildung einer Perlitstruktur als positive Seite der Lagerstätte auffassen. Die Perlitstruktur verbessert erheblich die Blähfähigkeit der Gesteine. In den befahrenen Meißener Aufschlüssen sind alle Arten der obenerwähnten kristallisierten und glasigen Gesteine vorhanden. In den größten Ausbissen übersteigt die Menge der kristallisierten Felsit-„Liparit"- und der vertonten Varietäten nicht 40%, der Rest ist nichtauskristallisiertes Glas. Außer diesen großen Aufschlüssen im Ausstrichbereich der Pechsteine werden jedoch auch solche angetroffen, die vollständig aus kristallinem Gestein bestehen. Somit können die glasigen Varietäten in der betrachteten Zone auch weniger als 50% des gesamten Gesteinsvolumens betragen.

Die qualitative Charakteristik des Meißner vulkanischen Glases

Zur Untersuchung der Qualität des vulkanischen Glases wurde eine Stufenprobe von makroskopisch besseren Varietäten des vulkanischen Glases, das eine sehr deutliche perlitische Absonderung besitzt, entnommen.

Unter dem Mikroskop treten in dem untersuchten Gestein außer dem vorherrschenden, in verschiedenem Grade hydratisierten Glas große, deutlich intratellurische Einsprenglinge von Quarz und Kalifeldspat auf. Die ersteren sind ziemlich stark resorbiert. In einzelnen Abschnitten im Gestein ist eine sphärolithische Kristallisation zu beobachten, die wahrscheinlich in der letzten Etappe der Verfestigung des Gesteins erfolgte. Die Sphärolithe bestehen aus feinsten Fasern von Feldspat und Quarz, der offensichtlich Tridymit verdrängt. Stellenweise ist die gleiche Kristallisation entlang von Spalten und Streifen im Gestein zu beobachten. Bisweilen wird sie durch sphärolithähnliche Bereiche des Quarzes mit deutlicher Pseudomorphose nach Cristobalit-Sphärolithen beendet.

Entlang von perlitischen Spalten im Gestein sondern sich kleine Häutchen von eisenschüssigem montmorillonitischem Ton ab. Um einige perlitische Spalten herum sind feinkörnige felsitische Quarz-Feldspat-Aggregate zu beobachten. Es sind einzelne Kalzitkörner anzutreffen.

Quantitativ ist die Mineralzusammensetzung des untersuchten glasigen Gesteins folgende:

Kristalleinsprenglinge	3–5%,
Sphärolithe der primären Kristallisation	10–15%,
Montmorillonit	2–5%,
Felsit	20–30%,
Glas (perlitisch)	50–70%.

Die Untersuchung des Pechsteins hinsichtlich seiner Blähfähigkeit wurde nach einer speziell im Institut WNIISTROM des Ministeriums für Baumaterialien der UdSSR erarbeiteten Methodik vorgenommen. Stücke von zerkleinertem Gestein der Abmessung 5—10 mm wurden einer thermischen Behandlung unterzogen.

Vor den Versuchen wurden die Gewichtsverluste beim Erhitzen und Glühen bestimmt (Abbildung). Nach der Größe der Gewichtsverluste bei einer Temperatur von 100, 300 und 1000°C von entsprechend 0,9; 5,0 und 6,95% kann die zu untersuchende Probe zu den Perliten vom Transbaikaltyp gestellt werden (s. Tab. 1).

Tab. 1

Pechstein:							
	Temperatur °C	100	300	500	700	900	1000
	Glühverlust in %	0,91	5,0	6,45	6,63	6,91	6,99

Die Ergebnisse der Thermobehandlung des zerkleinerten Gesteins im Temperaturintervall von 400 bis 1300°C zeigten, daß dieser Rohstoff ein großes Intervall der Blähfähigkeit besitzt (rund 300°C). Aus dem untersuchten Gestein kann man ein großes Spektrum von Blähprodukten mit im voraus bestimmtem Raumgewicht, Hygroskopizität und offener Porosität innerhalb der in Tab. 2 angeführten Kennziffern erhalten.

Aufgeblähten Perlit kann man in Abhängigkeit vom Anwendungsgebiet in Drehöfen und Sinteröfen in Form von Splitt mit Korngrößen von 5—20 mm mit einem Füllgewicht von 250—600 kg/m³ und mehr und in Form von Blähsand mit Korngrößen unter 5 mm und einem Füllgewicht von 50—100 kg/m³ in Schachtöfen und einem Füllgewicht von 100 kg/m³ und mehr in Drehöfen und Sinteröfen erhalten.

Derartige Eigenschaften des blähfähigen Meißener wasserhaltigen Glases gestatten seine breite Anwendung in der Volkswirtschaft in der Form überleichter Pulver für die Vakuumtechnik sowie zur Herstellung von hocheffektiven wärmeisolierenden Materialien in verschiedenen Bindungsmassen in Form von Filtrierpulvern und Pulvern verschiedener Bestimmung, Zuschlagstoffe für Plaste und Farben, Sande und Splitt für die Landwirtschaft zur Verwendung in der Hydroponik, als Träger von Chemikalien und Komponenten, die die Bodenstruktur verändern, sowie in Form von Splitt und Sand, die als Füllmasse für alle Arten von Leichtbeton verwendet werden, angefangen von wärmeisolierendem Beton der Marke „5“ und „15“ mit einem Raumgewicht bis 500 kg/m³, wärmeisolierend-konstruktivem Beton mit einem Raumgewicht von 800 bis 1200 kg/m³ und der Marke „50“—„100“ und von Konstruktionsbeton der Marken „100“—„200“ mit einem Raumgewicht bis 1400 kg/m³.

Für die letzteren würde es wahrscheinlich effektiver sein, teilweise auskristallisiertes oder besser teilweise montmorillonitisiertes Glas (bis 50% pro Schlifffläche) zu verwenden. In Analogie zu den transbaikalischen montmorillonitisierten vitroklastischen Tuffen kann man aus diesen Gesteinen eine poröse Füllmasse mit einem Füllgewicht von 600—900 kg/m³ und einer Stabilität im Zylinder mit einem Durchmesser von 120 mm von 20—45 kg/cm² erhalten. Diese Füllmasse ist zur Herstellung von hochstabilem Leichtbeton geeignet, dessen Anwendung für die Herstellung von Deckenkonstruktionen, Überdachungen u. a. Konstruktionselementen an Gebäuden verschiedener Bestimmung besonders effektiv ist.

Auskristallisiertes Glas vom Liparittyp oder sehr stark montmorillonitisiertes Glas kann zur Produktion von aggloporitischem Bausplitt und Sand, die durch Agglomeration gewonnen werden, Verwendung finden.

Ungleichmäßig auskristallisiertes Glas (unbedeutend montmorillonitisiertes und kaolinitisiertes) kann in Form von gemahlenen aktiven Zusätzen im Zement und als Rohstoff für die Glas- und keramische Industrie dienen.

In der Sowjetunion wurde zur Produktion von Quellsand und Splitt aus perlitischen Gesteinen ein Typenprojekt für einen Betrieb mit einer Produktivität von 50000 m³ geblähtem Perlit pro Jahr mit Drehöfen zur Produktion von Füllmasse für die Bauindustrie und mit Schachtöfen für die Produktion von Quellsand verschiedener Korngrößenzusammensetzung und Füllgewichte ausgearbeitet.

Tab. 2. Einige physikalisch-mechanische Eigenschaften von geblähtem Perlit der Meißener Lagerstätte

Raumgewicht im Stück, g/cm³		Wasseraufnahmefähigkeit, %		Offene oder scheinbare Porosität, %	
0,4		73,0		32,4	
0,5		57		28,0	
		von	bis	von	bis
0,6		26	55	15,5	33
0,7		10,5	40,5	7,7	28,5
0,8		4,0	34,5	3,5	28,0
0,85		4,0	70,0	4,0	59,5
von	bis				
0,9	1,22	5,0	10,0	3,0	9,0

Schlußbemerkung

Die ausnehmend vorteilhafte geographische Lage der Meißener Perlit-(Pechstein-)Lagerstätte und die hohe Qualität des vorhandenen Perlits machen eine weitere sorgfältige geologische Erforschung und Untersuchung der praktischen Besonderheiten der Gesteine, die die Perlitvarietäten begleiten, notwendig. Überaus günstig ist die Möglichkeit der makroskopischen Zerlegung des im Tagebau zu fördernden Materials, das unbedingt komplex abgebaut werden sollte.

Der wertvollste Teil sind hier unbedingt die vollständig glasigen Perlitvarietäten, durch deren Aufblähung man beliebig den wertvollen wärmeisolierenden Filtrierperlit und die Perlitfüllmasse sowie Perlit, der als Komponente für verschiedene Leichtbetonarten zu verwenden ist, erhalten kann.

Die felsitischen (liparitischen) und teilweise montmorillonitisierten Varietäten werden, wenn darin eine kleine Menge Glas enthalten ist, eine gewisse Fähigkeit zum Aufblähen besitzen und können hochstabile, mäßig schwere Betonfüllstoffe ergeben, die durch die Nähe der Lagerstätte zum Verbraucher mit großem Vorteil verwendet werden können. Gerade dann, wenn es bei der Erschließung gelingt, die nichtblähfähigen Varietäten der Liparite völlig zu entfernen, werden sie auch genutzt als Bau- und Wegematerial sowie als Rohstoff für die Herstellung von aggloporitischem Bausplitt und Sand aus aktiven gemahlenen Zusätzen zum Zement und als Komponente bei der Glasherstellung und in der Keramik. Bei einer derartigen komplexen Bearbeitung wird der Glasabbau aus der Bergmasse mit einem Gehalt von rund 50% Glas sehr vorteilhaft sein. Auch bei Gehalten von 40 und 30% Glas ist der Abbau der Lagerstätte vorteilhaft, wenn das Glas zu wertvollen Varietäten der aufgeblähten Perlitmaterialien verarbeitet wird.

Literatur

BUDNIKOW, P. P., & A. N. POLINKOWSKAJA: Perlite als Rohstoff für die Herstellung leichter Füllstoffe. – Stroitelnyje materialy, H. 3 (1959).
KAMENEZKI, S. P.: Perlite (Eigenschaften, Technologie und Anwendung). – Gosstrojisdat, Moskau 1963.
KASCHKAJ, M. A., & A. I. MAMEDOW: Perlite, Obsidian, Pechstein und ihre mineralisch-petrographischen und physikalisch-chemischen Besonderheiten. – Isdat. AN Aserb. SSR (1961).
NASEDKIN, W. W.: Wasserhaltiges vulkanisches Glas saurer Zusammensetzung, seine Genese und Veränderung. – Tr. IGEM, Verl. AN SSSR (1963).
NASEDKIN, W. W., & W. P. PETROW: Experimentelle Gewinnung einer Perlstruktur in vulkanischem Glas. – DAN, Bd. 146, Nr. 2.
PETROW, W. P.: Neue Arten nichtmetallischer mineralischer Rohstoffe. – Raswedka i ochrana nedr, H. 3, Moskau 1955.
– Perlit, seine Besonderheiten und Verbreitung in der UdSSR. – Sammelbd., Gosgeoltechisdat, Moskau 1962.
SHUKOW, A. W., N. JA. BAJWEL & I. S. SOLONENKO: Aufgeblähter Perlit. – Gosstrojisdat, Moskau 1963.
WEGUNI, A. T.: Perlitlagerstätten in Armenien. – Raswedka i ochrana nedr, H. 11, Moskau 1958.

Inkohlungsuntersuchungen und geothermische Betrachtungen am Beispiel des Oberkarbons im Erzgebirgischen Becken unter besonderer Berücksichtigung des Reflexionsvermögens der Flözvitrinite

EBERHARD KÜNSTNER, Freiberg (Sa.)

(Veröffentlichung Nr. 123 der Sektion Geowissenschaften der Bergakademie Freiberg (Sa.)

1. Einleitung

Der Inkohlungsgrad der Flöze des „Erzgebirgischen Karbonbeckens i. e. S.“ (PIETZSCH 1962, S. 207) wurde mehrfach chemisch bestimmt. Die Angaben über den Rang der Kohle schwanken zwischen Gasflamm- und Gaskohle. Es ist zu beobachten, daß aus rein technischem Interesse (z. B. Verkokungsverhalten) die chemischen Analysen stets an der Gesamtkohle, nicht aber an Vitritkonzentraten durchgeführt wurden. Spätestens seit den Untersuchungen von PATTEISKY & TEICHMÜLLER (1960) wurde deutlich, welche Bedeutung dem Vitrit für Inkohlungsuntersuchungen zukommt. Bei der Analyse an der gesamten Kohlenprobe führt das Außerachtlassen der petrographischen Zusammensetzung bekannterweise zu Fehlergebnissen. Deshalb streuen die erstmals von STEIN (1857) veröffentlichten Analysenwerte derart stark im Kohlenstoffgehalt, daß sie für exakte Inkohlungsbetrachtungen nicht in Frage kommen.

Allerdings konnte sich in diesem Zeitabschnitt der Chemiker auch kaum an der Petrographie orientieren, da die in unserem Sprachgebrauch verwendete kohlenpetrographische Nomenklatur erst nach dem ersten Weltkrieg in ihren Anfängen begründet wurde. Genauere Darlegungen darüber sind u. a. bei MACKOWSKY (1967) zu finden.

Eine große Anzahl meist unveröffentlichter chemisch-technologischer Analysenwerte verdichtete vor allem nach 1945 den Kenntnisstand von den Eigenschaften der Zwickau—Oelsnitzer Flöze.

Weitere chemische Untersuchungen zum Inkohlungsproblem regte HUNGER (1955) an. Nach ihrem Kohlenstoffgehalt (zwischen 80—85%) wurden nunmehr die Steinkohlen des Erzgebirgischen Beckens den Gaskohlen zugeordnet. PIETZSCH (1962, S. 229) stellt die Kohlen nach dem Anteil der flüchtigen Bestandteile (an der Gesamtkohle bestimmt) zu den Gasflamm- bis Gaskohlen. Diese Einschätzung ergab sich aus der Analyse fusitreicher und fusitarmer Proben.

Eingang des Manuskripts in der Redaktion: 26. 3. 1970.

Herrn Prof. Dr. WATZNAUER, Lehrstuhl für Grundlagen- und Erkundungsgeologie der Bergakademie Freiberg, sei an dieser Stelle für die Anregungen zur geothermischen Betrachtung herzlich gedankt.

Die im internationalen Rahmen bereits längere Zeit übliche optische Rangbestimmung (Bestimmung des Reflexionsvermögens des Vitrinits), verbunden mit der chemischen Analyse der Vitrinitkonzentrate (vgl. ILK 1963)[1]), regte zu einer Überprüfung der Inkohlungsverhältnisse der Flöze des Zwickauer Reviers an. Gleichzeitig bietet sich durch die mikrophotometrische Rangbestimmung unter anderem der Vorteil von Inkohlungseinschätzungen kleinerer Kohleeinlagerungen, z. B. im „Grauen Konglomerat" des Unterrotliegenden, an. Weiterhin können Fazieseinflüsse überprüft, daneben aber auch geothermische Abschätzungen gegeben werden. Mikrophotometrische Untersuchungsergebnisse zu Teilproblemen liegen von ROHLEDER (1968) vor.

2. Ergebnisse

Zur Methodik der optischen Rangbestimmung

Die Methode der optischen Rangbestimmung von Kohlen auf der Grundlage mikroskopischer Reflexionsmessungen mittels Sekundärelektronenvervielfachern ist durch die Arbeiten von MCCARTNEY & HOFER (1955), KÖTTER (1960) sowie PICKHARDT & ROBOCK (1965) so weit bekannt, daß hier lediglich der Hinweis auf die Literatur genügen soll. Die vorliegenden Untersuchungsergebnisse wurden mit der gleichen Reflexionsmeßeinrichtung ermittelt, über die PREUSZ (1969) u. a. berichtet haben (Ortholux-Mikroskop unter Auflichtbedingungen der Fa. Leitz, Wetzlar, bei Verwendung von Immersionsöl, nD = 1.515, eines Auflicht-Immersionsobjektives mit 25facher Eigenvergrößerung, bei einer konstanten Wellenlänge von $\lambda = 525$ nm).

[1]) Internationales Lexikon für Kohlenpetrologie, 2. Aufl., Paris 1963.

Entnahme der Proben und Untersuchungsverfahren

Beim gegenwärtigen Stand der Abbauarbeiten im Zwickauer Steinkohlenrevier ist es unmöglich, Proben in einem Teufenprofil zu entnehmen.

Die Untersuchung vorliegender Bohrkerne hat prinzipiell den Nachteil, daß die erbohrten Kohlen seit nahezu zwanzig Jahren der Oxydation ausgesetzt sind.

So konnte nur ein „zusammengesetztes Profil" untersucht werden, das in Ost—West-Richtung (ca. 2,8 km) im Bereich zwischen Martin-Hoop-Schacht IX und III (vgl. Abb. 1) die Gruppe der Elligen Flöze im Hangenden und das Tiefe Planitzer Flöz im Liegenden auf einer stratigraphischen Teufendifferenz von etwa 240 m erfaßte (Abb. 2 und Tab. 2). Die Proben wurden in der Mehrzahl von ROHLEDER (1968) entnommen, weitere kamen 1969 hinzu. In Tab. 2 sind die hier betrachteten

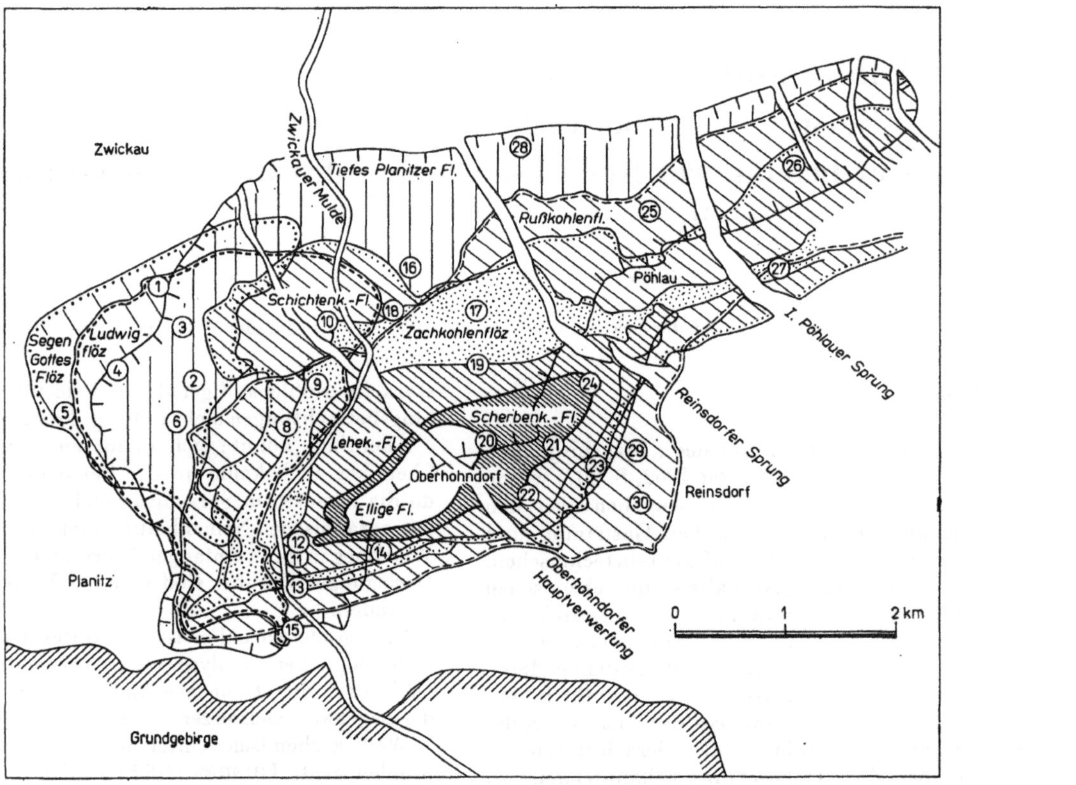

Abb. 1. Das Zwickauer Steinkohlenrevier (nach PIETZSCH 1962, S. 230)

1 — Bahnhof-Schacht; 2 und 3 — Bürger-Schächte I und II; 4 — Hilfe-Gottes-Schacht; 5 — Segen-Gottes-Schacht; 6 — Glückauf-Schacht; 7 — Vereinsglück-Schacht; 8 — Hoffnungsschacht; 9 — Vertrauen-Schacht; 10 — Friedrich-Nikolay-Schacht (früher Tiefbauschacht I); 11 bis 15 — Altgemeinde-Schächte I bis V; 16 — Karl-Marx-Schacht I (früher Brückenberg-Schacht I); 17 — Karl-Marx-Schacht II (früher Brückenberg-Schacht II); 18 — Karl-Marx-Schacht III (früher Brückenberg-Schacht III); 19 — Karl-Marx-Schacht IV (früher Brückenberg-Schacht IV); 20 bis 22 — Wilhelm-Schächte I, II und III; 23 — Martin-Hoop-Schacht I (früher Morgenstern-Schacht I); 24 — Martin-Hoop-Schacht II (früher Morgenstern-Schacht II); 25 — Martin-Hoop-Schacht III (früher Morgenstern-Schacht III); 26 — Martin-Hoop-Schacht IV (früher Morgenstern-Schacht IV); 27 — Martin-Hoop-Schacht V (früher Morgenstern-Schacht V); 28 — Martin-Hoop-Schacht VI (früher Morgenstern-Schacht VI); 29 — Martin-Hoop-Schacht VII (früher Florentin-Kästner-Schacht I); 30 — Martin-Hoop-Schacht VIII (früher Florentin-Kästner-Schacht II); 31 — Martin-Hoop-Schacht IX

Teufen, Flöze sowie die Werte der Kurzanalyse und das Reflexionsvermögen aufgeführt. Auf die nochmalige Bestimmung des Kohlenstoffgehalts kann verzichtet werden, da die von HUNGER (1955) bekanntgemachten Werte den heutigen Vorstellungen entsprechen.

Dagegen wurden von jeder mikrophotometrisch vermessenen Probe noch einmal die Flüchtigen Bestandteile (waf) am geklaubten Vitrit bestimmt. Wie von PATTEISKY & TEICHMÜLLER (1960) dargelegt, ist bei gering inkohlten Steinkohlen der Gehalt an Flüchtigen Bestandteilen kein sicherer Inkohlungsmaßstab (vgl. Abb. 3). Will man aber in einem Kurvenbild den Zusammenhang der Vitrinitreflexion mit den Flüchtigen Bestandteilen und dem Kohlenstoffgehalt darstellen, so zeigt sich nach STACH (1968), daß die Beziehung zwischen Flüchtigen Bestandteilen und der Reflexion am günstigsten ist.

Die Ergebnisse der Kurzanalyse

Aus den Ergebnissen der Kurzanalyse (Tab. 2 und Abb. 4) sowie den obengenannten Kohlenstoffgehalten wird ersichtlich, in welchem Maße die Inkohlung nach der Teufe zunimmt. Allerdings ist dieser Betrag auf Grund der relativ geringen Teufendifferenz viel weniger deutlich abzulesen (Streuung der Einzelwerte), als das aus dem Reflexionsvermögen der Vitrinite im Anschliff möglich ist. Im Durchschnitt nehmen die Flüchtigen Bestandteile im geklaubten Vitrit von den Elligen Flözen im Hangenden zum Tiefen Planitzer Flöz um etwa 2,1% (von 33,8% auf 31,7%) ab. Es wurden an 47 Proben Doppelbestimmungen vorgenommen.[2]) Dabei ist zu beobachten, daß bei selbst noch so sorgfältigem Auslesen keine hundertprozentige Reinheit im Vitritkonzentrat zu erreichen ist. Mineralische Einlagerungen und ein gewisser Anteil verschiedener Mazerale können den Gehalt an Flüchtigen Bestandteilen verändern. Deshalb wurden alle Vitritproben zweigeteilt und nur der Teil zur chemischen Analyse verwendet, bei dem im Anschliffbild in der Regel keine stärkere Verunreinigung des Vitrits als ca. 5% zu erkennen gewesen war.

Der Glührückstand im geklaubten Vitrit beträgt bei etwa 70% aller untersuchten Proben unter 3%, bei über 20% der Proben zwischen 3 und 5% und erreicht nur in einem Fall (in der hangenden Folge des Schichtenkohlenflözes) 9,55%.

Der Wassergehalt wurde nur zur Berechnung für die wasserfreie Substanz verwendet. Als Inkohlungsparameter ist er in der vorliegenden Form wenig repräsentativ, da es sich hierbei nicht nur um Adsorptionswasser handelt.

Nach den durchgeführten Untersuchungen schwankt der Inkohlungsgrad der Flöze des Zwickauer Reviers zwischen Gasflammkohle und mittlerer Gaskohle.

Zur Vitrinitreflexion der Flöze

Nach den obengenannten Ergebnissen der Kurzanalyse konnten die Inkohlungseinschätzungen von PIETZSCH und HUNGER für die Flöze des Erzgebirgischen Karbon-Beckens im wesentlichen bestätigt werden.

[2]) Die Analysen wurden im chemischen Labor des ehemaligen Instituts für Brennstoffgeologie durchgeführt.

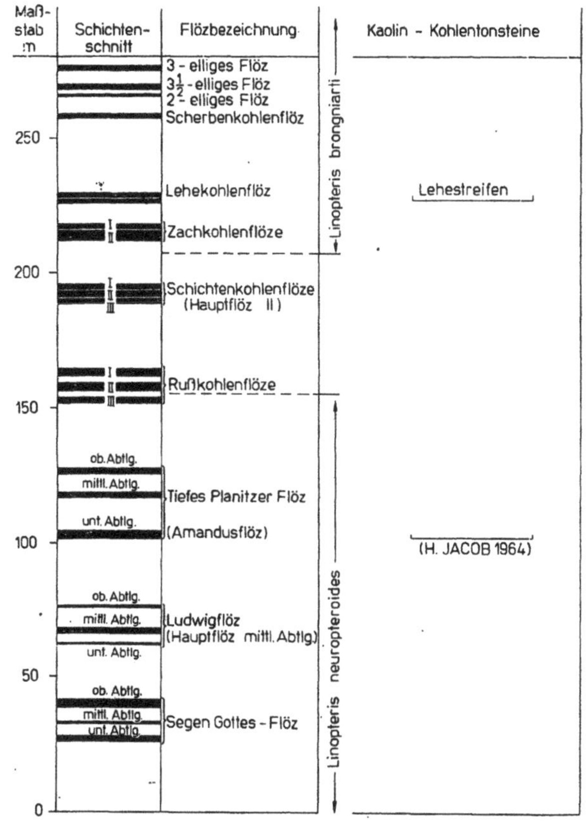

Abb. 2. Hauptschichtenschnitt des Zwickauer Steinkohlenreviers (nach PIETZSCH 1962, S. 232)

Reflexionswerte vom Vitrinit der Flöze lagen bislang noch nicht vor. ROHLEDER (1968) untersuchte mikrophotometrisch verschiedene Flöze. Nach einer später erfolgten Korrektur des Brechungsindexes des Eichstandards wurden im folgenden 22 Proben (je zwei Anschliffe, vgl. Tab. 1) zur Auswertung der Reflexionsmessungen herangezogen. Jeder eingetragene Punkt (Abb. 5) repräsentiert 100 Einzelmessungen im Sinne der von der Analysenkommission für Kohlenpetrologie getroffenen Festlegungen (ILK, 1963).

Aus Gründen der Übersichtlichkeit wurde auf die Eintragung weiterer Meßpunkte verzichtet. Sie sind in Tab. 2 enthalten und fügen sich gut in das Bild der dargestellten Reflexionswerte (Abb. 5) ein. Von den Elligen Flözen bis zum Tiefen Planitzer Flöz beträgt die stratigraphische Teufendifferenz im untersuchten Gebiet (Abb. 1) etwa 240 m (Abb. 5). In der Elligen Flözgruppe schwanken die Reflexionswerte des Vitrinits A [nach BROWN, COOK & TAYLOR (1964) handelt es sich um Vitrinit reiner Vitritlagen] zwischen 0,625 und 0,706% und erhöhen sich im Lehekohlenflöz von 0,727 bis auf 0,780%. In der Gruppe der Rußkohlenflöze wurden für die Vitrinitreflexion Werte zwischen 0,732 und 0,841% gemessen, während im Tiefen Planitzer Flöz das Reflexionsvermögen auf 0,909% ansteigt.

Diese Zunahme der Vitrinitreflexion mit der Teufe ist in der Literatur zahlreich beschrieben worden, so daß auf das Zitat von Einzelarbeiten verzichtet werden kann. Zum besseren Verständnis sei hinzugefügt, daß die Zunahme der Reflexion nicht überall gleichmäßig ist, sondern u. a. nach M. & R. TEICHMÜLLER (1966, S. 155) in erster Linie von der maximalen Gebirgstemperatur bestimmt ist, der die Kohle über einen entsprechenden Zeitraum bei ihrer Versenkung in größere Tiefen ausgesetzt war.

Die ermittelten Reflexionswerte am Vitrinit A der Flöze des Zwickauer Reviers schwanken je nach Teufenlage zwischen 0,925 und 0,909%. Legt man die von KÖTTER (1960) und die im „Internationalen Lexikon für Kohlenpetrologie" (1963) dargestellten Beziehungen zwischen der Reflexion und dem Gehalt an Flüchtigen Bestandteilen zugrunde, so ergibt sich für den Inkoh-

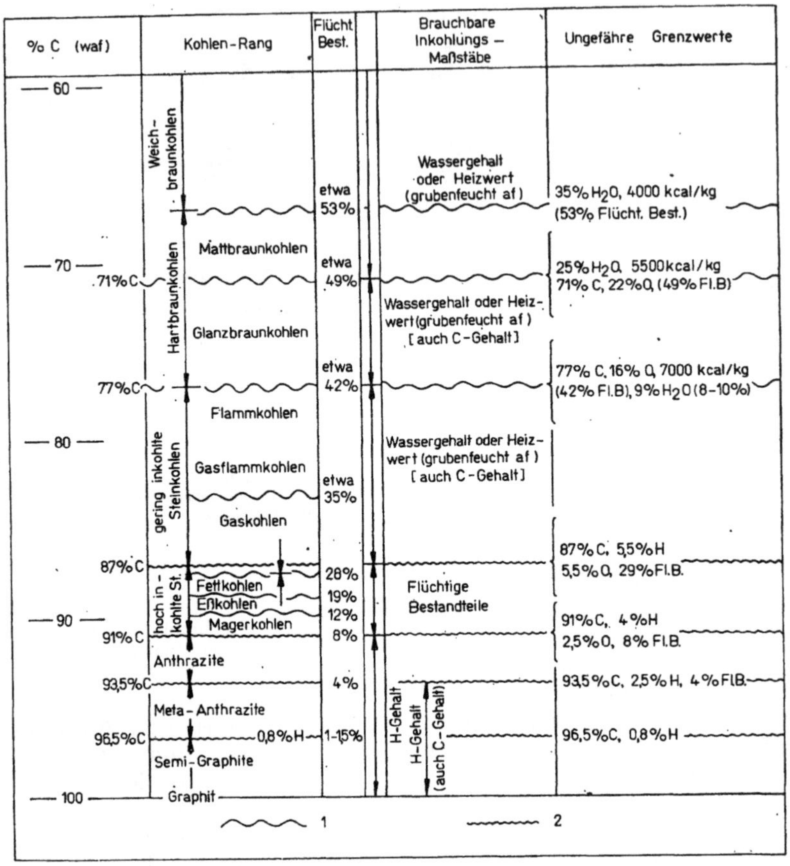

Abb. 3. Schema der Inkohlungsstufen und Brauchbarkeit der einzelnen Inkohlungsmaßstäbe (nach PATTEISKY & TEICHMÜLLER 1960, S. 134)

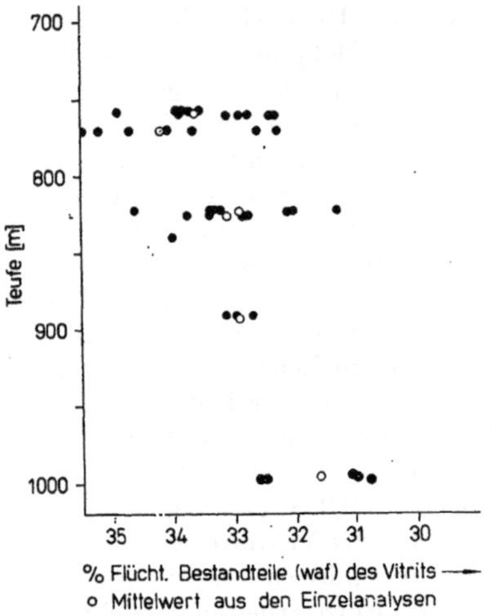

Abb. 4. Die Veränderung des Anteils an Flüchtigen Bestandteilen mit Zunahme der Teufe

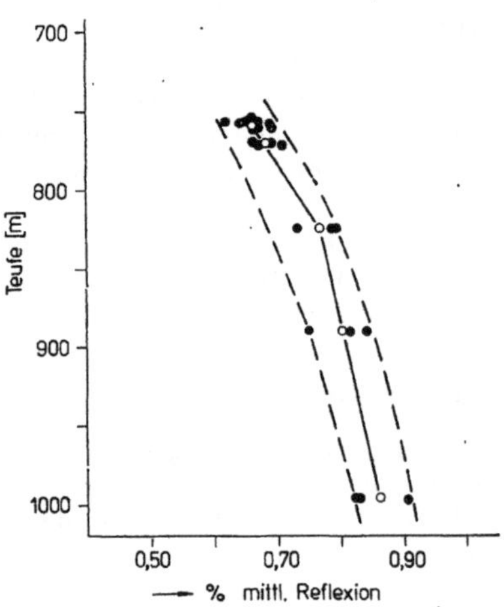

Abb. 5. Die Veränderung des Reflexionsvermögens des Flözvitrinits mit der Teufe

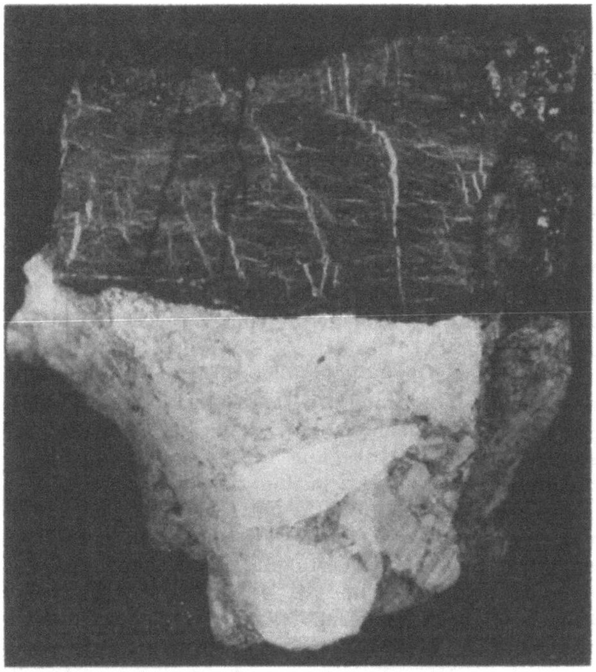

Abb. 6. Kohlenbruchstücke im „Grauen Konglomerat" des Unterrotliegenden (Vergr. 1,4 ×)

lungsgrad der Zwickauer Flöze folgende Einschätzung:

Oberhalb der Rußkohlenflöze tragen die Flöze im untersuchten Raum überwiegend Gasflammkohlencharakter, während zumindest vom Rußkohlenflöz III nach der Teufe zu das Reflexionsvermögen des Vitrinits den Gaskohlencharakter der Flöze deutlich macht.

Im Oelsnitzer Revier äquivalent geführte Untersuchungen zeigen ganz überwiegend einen Gasflammkohlencharakter der Flöze.

Aus den Inkohlungsuntersuchungen an den Flözen des Erzgebirgischen Beckens (Zwickauer Reviers und eines Teiles des sich östlich anschließenden Zwischengebiets) ergeben sich für den Inkohlungsgradienten folgende Tatsachen:

Je 100 m Teufe erhöht sich das Reflexionsvermögen des Flözvitrinits A im Mittel um 0,079%, während für die Flüchtigen Bestandteile eine Abnahme von ca. 0,9% zu verzeichnen ist.

Nach paläobotanischen Untersuchungen schlug DABER (1957, S. 45) nach dem Verhalten der Linopteriden die in Tab. 1 angeführte Flözgliederung im Erzgebirgischen Becken vor.

Auffällig bei den Ergebnissen der Reflexionsmessungen ist der Tatbestand, daß mit dem Einsetzen der Rußkohlenflöze (in einer bergmännischen Teufe von etwa 825 Metern), also nach DABER mit dem Beginn der *Linopteris-neuropteroides*-Zone, ein „Knick" in der Inkohlungskurve auftritt (Abb. 5), der auch von ROHLEDER (1968) beobachtet wurde. Durch Auf- oder Abschiebungen kann dieser Umstand nicht befriedigend erklärt werden. Kohlenmikroskopische Untersuchungen könnten einen erklärenden Beitrag dazu liefern, inwieweit dieser „Inkohlungsknick" an den Wechsel der Pflanzenfazies gebunden ist.

Tabelle 1.

	Zwickau	Oelsnitz	
Obere Flözgruppe	Ellige Flöze bis Lehekohlenflöz	Neuflöze bis Oberflöz	*Linopteris-brongniarti*-Zone
Mittlere Flözgruppe	Zach- und Schichtenkohlenflöz	Hoffnungsflöz	*Linopteris*-freie Zone
Untere Flözgruppe	Rußkohlenflöz bis Segen-Gottes-Flöz	Glückauf-Flöz bis Unbenanntes Flöz	*Linopteris-neuropteroides*-Zone

Bemerkungen zum Inkohlungsverlauf der Flöze hinsichtlich des Wärmeeinflusses der westerzgebirgischen Granite

Die Florenuntersuchungen vor allem von GOTHAN (1932) und DABER (1955, 1957) sowie von DYBOVÁ & JACHOWICZ (1957) erbrachten den Nachweis, daß jüngeres Oberkarbon als Westfal D im Erzgebirgischen Becken nicht mehr vorhanden ist. Nach der Sedimentation des Oberkarbons kam es zu keiner weiteren Absenkung, lediglich zu einer Schrägstellung vor der diskordanten Auflagerung der Unterrotliegendsedimente (PIETZSCH 1962, S. 259). Nach PIETZSCH ist es möglich, daß die Schrägstellung der Schichten ihre Ursache im Aufdringen der westerzgebirgisch-vogtländischen Granite hat. Stellt man diese Erscheinung

Abb. 7. Durch Kalzit und Ton ausgefüllte Klüfte im Bereich der Rußkohlenflöze (1/2 d. nat. Größe)

in das Stefan, so wäre damit auch eine Erklärung für die rasche Inkohlung der Flöze des Erzgebirgischen Beckens gefunden. Nach PIETZSCH (1962) muß die Inkohlung vor der Auflagerung des Unterrotliegenden schon abgeschlossen gewesen sein; denn im „Grauen Konglomerat" liegen bereits kantige Bruchstücke von Steinkohlen vor (vgl. Abb. 6). Es soll nicht in Abrede gestellt werden, daß nach Abschluß der Sedimentation des Oberkarbons die Inkohlung durch die Rotliegendbedeckung nicht noch fortgeschritten sein kann. Der Hauptfaktor bei der raschen Inkohlung liegt aber, wie die Kohlenbruchstücke im „Grauen Konglomerat" beweisen, bei der maximalen Gebirgstemperatur und der Dauer der Einwirkung. Die Altersstellung der Intrusion ist nicht sicher, da nach LEUTWEIN & RÖSLER (1956) Gerölle der

Tab. 2. Ergebnisse der Kurzanalyse und der Reflexionsmessungen am Vitrit bzw. Vitrinit der Flöze des Zwickauer Reviers

Flöz	Teufe (m)	% Flücht. Bestandt. (waf)	% Asche (wf)	% Wasser	% Reflexion (Öl) d. Vitrinits
Ellige Flöze	756,95	33,82	2,34	5,29	0,664
	bis	33,86	1,91	5,81	0,649
	773,30	34,89	1,21	6,64	0,625
		33,70	1,52	6,28	0,689/0,654
		33,56	3,32	5,92	0,667
		33,87	2,18	5,40	0,641
		33,10	1,39	6,36	0,692
		32,90	1,57	7,11	0,689
		32,29	1,40	6,92	0,670
		32,76	2,54	6,34	–
		32,31	2,64	6,16	0,660
		35,22	1,41	5,20	–
		34,69	1,82	5,52	–
		35,69	2,69	5,19	0,662/0,680
		32,57	2,05	6,24	–
		34,08	1,42	5,52	–
		32,58	2,94	5,76	–
		33,66	1,28	6,38	0,706
Lehekohlenflöz	811,10	34,90	1,34	3,27	0,727
	bis	33,67	2,34	3,98	bis
	814,34	31,39	4,18	4,97	0,780
		36,81	3,70	4,39	
		36,35	2,37	3,76	
		34,40	2,04	4,98	
Schichtenkohlenflöz	822,62	34,63	9,55	4,42	0,732
	bis	32,02	4,33	5,99	bis
	824,95	31,26	5,83	6,14	0,786
		32,12	1,40	5,56	
		33,31	3,73	4,64	
		33,36	1,82	4,57	
		33,40	2,69	4,84	
		32,84	1,62	6,08	
		33,77	1,24	4,81	
		32,72	1,99	5,03	
Rußkohlenflöz I	825,05	32,84	1,62	6,08	0,784
	825,65	33,77	1,24	4,81	0,732
		32,72	1,99	5,03	0,789
Rußkohlenflöz II	840,60	34,00	2,31	4,63	0,769
Rußkohlenflöz III	890,50	32,98	2,62	4,68	0,841
	bis	33,13	2,69	4,03	0,815
	891,60	32,68	2,52	4,45	0,745
Tiefes Planitzer Flöz	995,92	31,01	1,79	5,94	0,825
	bis	30,97	3,50	5,09	0,829
	998,00	32,18	5,11	4,98	
		32,60	3,56	4,43	
		32,50	4,49	4,06	
		30,77	2,92	4,76	0,909

westerzgebirgischen Granite bisher nicht beschrieben wurden. Am deutlichsten spricht aber die Beobachtung von WATZNAUER (aus LEUTWEIN & RÖSLER 1956, S. 155) für eine Intrusion nach der Sedimentation des Oberkarbons: Die Schiefertone der Flözzwischenmittel im granitnäheren Bereich sind härter und enthalten Querbiotite, die ein Zeichen einer wohl durch Kontaktmetamorphose hervorgerufenen Blastese sind. Es soll jedoch erwähnt werden, daß durch die Untersuchungen von LEUTWEIN & RÖSLER (1956) an Spurenelementen die Intrusion des Kirchberg-Eibenstocker Granits schon vor oder während der Ablagerung der Zwickau-Oelsnitzer Kohle erfolgte.

Die weitere Darstellung über die rasche Inkohlung der Kohle soll im Sinne von PIETZSCH (1962) fortgeführt werden, da beobachtet wird, daß die Kohlenbruchstücke vor ihrer Abtragung bereits eine weitgehende Metamorphose erreicht hatten. Wenn man nun die Dauer der Wärmeeinwirkung betrachtet, so steht damit nur ein vermuteter Zeitraum zwischen dem Westfal D und dem Stefan zur Verfügung, der schätzungsweise maximal zwischen 5 und 10 Mill. Jahre beträgt (möglicherweise noch weniger). Nach den Untersuchungen von HUCK & KARWEIL (1955), KARWEIL (1956) und HUCK & PATTEISKY (1964) wird die Temperatur als Hauptfaktor der Inkohlung betrachtet. Die Dauer der Einwirkung kann innerhalb gewisser Grenzen durch die Höhe der Temperatur ausgeglichen werden. So werden gleiche Inkohlungsgrade bei relativ niedrigen Temperaturen, nach JACOB (1961) bis ca. 250 °C, in längeren Zeiten oder bis ca. 450 °C in kurzer Zeit erreicht. PEŠEK (1969) kommt durch Untersuchungen in der Radnice-Flözgruppe des Westfals C im Gebiet von Plzeň bezüglich Temperatur- und Druckeinwirkung bei der Inkohlung zu einer interessanten Meinung:

Die Pflanzenmasse soll bei niedriger Temperatur und niedrigem Druck in einen Steinkohlenhemitypus bereits in Teufen bis zu 50 m umgewandelt worden sein. Ebenso wird von PEŠEK angenommen, daß die Verfestigung der Begleitsedimente (Schluff und Ton) schnell vor sich geht und Bruchstücke zu Beginn eines neuen Flözzyklus innerhalb der Radnice-Schichten als Bruchstücke umgelagert werden können.

Welche thermische Wirkung ist mit der Intrusion der westerzgebirgischen Granite auf die Inkohlung der Flöze des Erzgebirgischen Beckens verbunden?

Durch neuere Berechnungen von NITZSCHE (1964) soll die „Erstarrung" des Erzgebirgsplutons rascher ($5 \cdot 10^5$ bis $10 \cdot 10^5$ Jahre) vor sich gegangen sein, als bisher angenommen wurde. Nach Inkohlungsuntersuchungen von HUCK & KARWEIL (1955) und HUCK & PATTEISKY (1964) genügen selbst die nach der Erstarrung abfließenden Wärmemengen für ein Fortschreiten des Inkohlungsprozesses, zumal man mit NITZSCHE (1964) die „Erstarrungszeit" als Abkühlungszeit definieren kann, bei der die Temperatur des Plutons noch 200 °C über der geothermischen Tiefenstufe liegt.

Betrachtet man nachfolgend das Reflexionsvermögen des Vitrinits der Kohle im „Grauen Konglomerat", so beweisen die Meßwerte (0,605 bis 0,655%), daß sie den Reflexionswerten des Vitrinits der Elligen Flöze entsprechen.

Zur Abschätzung der Temperatur sind weiterhin mineralisierte Klüfte in der Kohle von Interesse (Abb. 7).

Die Temperatur der Hydrothermen des Plutons muß beim Eindringen in die Klüfte des Flözkörpers im Bereich der Rußkohlenflöze niedrig gewesen sein (unter ca. 150 °C), da im engeren Kontaktbereich der Kohle zum Kalzit (z. T. vermischt mit verschiedenen Tonmineralen) keine stärkere Inkohlung (kein höheres Reflexionsvermögen) ermittelt werden konnte.

Legt man den heutigen geothermischen Gradient für diesen Raum mit 3 °C/100 m zugrunde, kann man bei der relativ geringen Absenkung im Westfal D nicht erwarten, daß diese niedrige Temperatur zum raschen Inkohlungsablauf beigetragen haben kann.

Der geothermische Gradient muß demnach vom Beginn der Intrusion der Granite bis zur beginnenden Erosion bzw. Ablagerung der Sedimente im Unterrotliegenden im Erzgebirgischen Becken weitaus steiler gewesen sein.

Durch die Arbeiten von STUTZER (1935) und besonders von JURASKY (1940) ist die „diathermische Metamorphose" der Kohlen im nordwestböhmischen Braunkohlenbecken auch im Hinblick auf den Einfluß der geothermischen Tiefenstufe untersucht worden.

Stellenweise (bei Osek) konnte rezent noch eine geothermische Tiefenstufe von 5 m gemessen werden, im Mittel liegt sie zwischen 9—13 m (JURASKY 1940), je nach der Entfernung zu den jungtertiären Wärmedomen.

WINKLER (1964) nimmt die „Trennlinie" zwischen Diagenese und Metamorphose der Sedimente bei 300 °C an. Die Dauer der Einwirkung wird dagegen weniger deutlich behandelt. Berücksichtigt man diesen Faktor im Zusammenhang mit der Intrusion des westerzgebirgischen Granits, so wird verständlich, daß die Inkohlung das Gasflamm- und Gaskohlenstadium bis zum Unterrotliegenden erreichen konnte, ohne daß die silikatischen Minerale der Begleitsedimente eine metamorphe Umwandlung erfahren haben. Nach Untersuchungen von BLÜHER (1954) wurden im Erzgebirgischen Becken höhere Mächtigkeiten als 300 m nicht erbohrt. Rechnet man für die Abtragung entsprechend der horizontalen Verbreitung und dem Anteil der oberkarbonen Sedimente im Grauen Konglomerat des Unterrotliegenden noch einen Betrag von etwa 100 m für das Westfal D hinzu (diese Angabe kann nur grob abgeschätzt werden), so ist mit mehr als 400 m Oberkarbon nicht zu rechnen (diesem Betrag schließt sich auch BLÜHER nach mündlicher Mitteilung 1970 an).

Wie KARWEIL (1956) zeigen konnte, läßt sich aus dem Gehalt der Flüchtigen Bestandteile und der Dauer der Temperatureinwirkung auf die Kohle sowie aus dem Absenkungsbetrag die maximale Temperatureinwirkung, hervorgerufen durch den Wärmefluß, abschätzen. [Im Ruhrkarbon hat R. TEICHMÜLLER (1962) die obengenannten Ausführungen überprüft.]

Rechnet man im Erzgebirgischen Becken mit einem maximalen Absenkungsbetrag während des Westfals D von 400 m und einem mittleren Gehalt an Flüchtigen Bestandteilen (waf) im Vitrit von 33 bis 34% sowie für den Abschnitt des Westfals D bis zur Erosion der Flöze mit einer „Verweilzeit" von 5 bis höchstens 10 Mill. Jahren, so ergibt sich nach dem KARWEILschen Diagramm (1956, S. 137), daß im obengenannten Zeitraum die Temperatur, die auf die Kohle eingewirkt hat, im Mittel ca. 180 °C betrug. Das kommt einer geothermischen Tiefenstufe dieses Gebiets im Durchschnitt von etwas mehr als zwei Metern gleich. Vergleicht man diesen Wert mit den von JURASKY (1940) für Nordwestböhmen bekanntgemachten Beträgen, dann ist diese niedrige geothermische Tiefenstufe in der Nähe eines großen Intrusivkörpers während des ausgehenden Oberkarbons im Erzgebirgischen Becken nicht überraschend.

Zusammenfassung

Nach chemischen und mikrophotometrischen Untersuchungen (Reflexionsmessungen am Vitrinit) sind nach dem Inkohlungsgrad die Flöze des Zwickauer Reviers Gas-

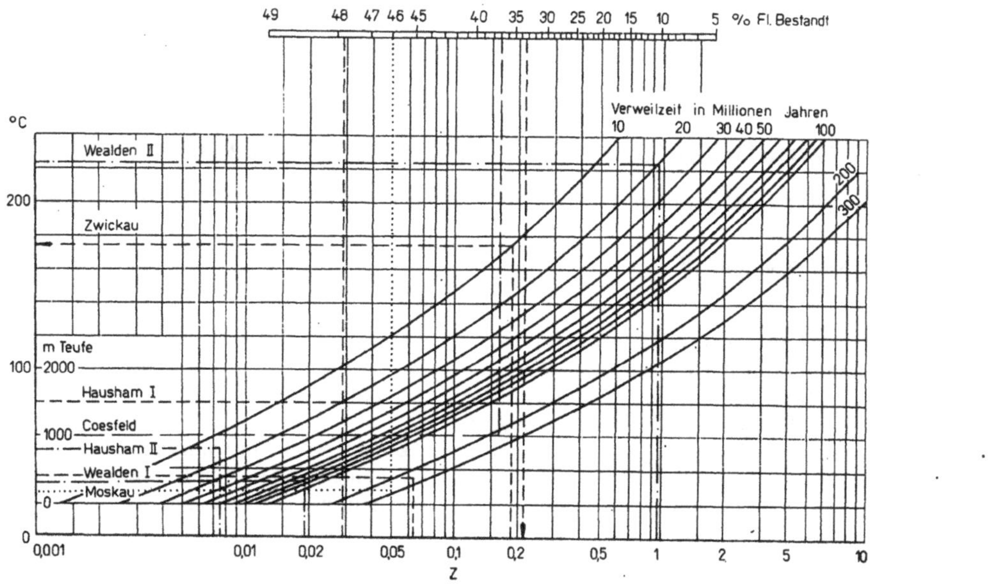

Abb. 8. Der Zusammenhang zwischen Zeit, Inkohlungsgrad (nach Flüchtigen Bestandteilen) und Temperatur (nach KARWEIL 1956, S. 137)

flammkohlen, ab den Rußkohlenflözen überwiegend Gaskohlen. Unter der Voraussetzung, daß die Intrusion des westerzgebirgischen Granits im Stefan erfolgte und die damit verbundene Wärmewirkung den Inkohlungsfortschritt wesentlich beeinflußte, wurde aus Analogievergleichen eine geothermische Tiefenstufe im Zeitraum der Intrusion bis zur Erosion der Flöze (Wende Stefan/Unterrotliegendes) von etwas mehr als zwei Metern (Durchschnittswert) geschätzt.

Резюме

По химическим и микрофотометрическим исследованиям (замеры отражения на витрините) пласты области Цвиккау по степени углефикации являются газовыми пламенными углями, а начиная с пласта сажистого угля — газовыми углями. При условии, что интрузия западнорудногорских гранитов имела место в стефанском веке, и связанное с ней тепловое воздействие значительно повлияло на процесс углефикации, геотермическая ступень оценивается по аналогии в период от интрузии до эрозии пластов (граница стефанского века и нижнего красного лежня) немногим более двух метров (среднее значение).

Summary

From chemical and microphotometric analyses (reflection measurements of vitrinite) results that the seams of the district of Zwickau are high volatile bituminous coals B in accordance with their degree of coalification, and are chiefly high volatile bituminous coals A from the soot-coal seams onward. Provided the intrusion of the West-Erzgebirge granite took place during the Stephanian, and the thermal effect connected with it essentially influenced the progress of coalification, a geothermal gradient of about more than two metres (average value) was estimated from analogic comparisons from the intrusion to the erosion of the seams (at the turn from the Stephanian to the Lower Lower Permian).

Literatur

BLÜHER, H. J.: Beiträge zur Geologie des erzgebirgischen Steinkohlenbeckens. — Geologie, 3, 832—844, Berlin 1954.

BROWN, H. R., A. C. COOK & H. G. TAYLOR: Variations in the properties of Vitrinite in isometamorphic coal. — Fuel, 43, 111—124, London 1964.

DABER, R.: Pflanzengeographische Besonderheiten der Karbonflora des Zwickau-Lugauer Steinkohlenreviers. — Geologie, 4, Beih. 13, Berlin 1955.

— Parallelisierung der Flöze des Zwickauer und des Lugau-Oelsnitzer Steinkohlenreviers auf Grund paläobotanischer Untersuchungen. — Geologie, 6, Beih. 19, Berlin 1957.

DYBOVÁ, S., & A. JACHOWICZ: Das Alter des Zwickau-Lugauer Bogheads auf Grund der palynologischen Analyse. — Geologie, 6, 674—697, Berlin 1957.

GOTHAN, W.: Die Altersstellung des Karbons von Flöha i. Sa. im Karbonprofil auf Grund der Flora. — Abh. sächs. geol. Landesamt, 12, Leipzig 1932.

HUCK, G., & J. KARWEIL: Physikalisch-chemische Probleme der Inkohlung. — Brennstoff-Chemie, 36, 1—11, Essen 1955.

HUCK, G., & K. PATTEISKY: Inkohlungsreaktionen unter Druck. — Fortschr. Geol. Rheinland u. Westf., 12, 551—558, Krefeld 1964.

HUNGER, R.: Inkohlungsuntersuchungen im Oberkarbon des Erzgebirgischen Beckens. — Freiberger Forsch.-H., C 21, 7—11, 3 Bd., Berlin 1955.

JACOB, H.: Die Bildung der Kohlen unter besonderer Berücksichtigung der biochemischen Phase. — Geol. Jb., 78, 103—122, Hannover 1961.

JURASKY, K. A.: Der Veredlungszustand der sudetenländischen Braunkohlen als Folge vulkanischer Durchwärmung (Diathermische Metamorphose der Kohlen). — Mitt. Reichsst. Bodenforsch., Zweigst. Freiberg, H. 20, Freiberg 1940.

KARWEIL, J.: Die Metamorphose der Kohlen vom Standpunkt der physikalischen Chemie. — Z. dt. geol. Ges., 107, 132—139, Hannover 1956.

KÖTTER, K.: Die mikroskopische Reflexionsmessung mit dem Photomultiplier. — Brennstoff-Chemie, 41, 263—272, Essen 1960.

LEUTWEIN, F., & H. J. RÖSLER: Geochemische Untersuchungen an paläozoischen und mesozoischen Kohlen Mittel- und Ostdeutschlands. — Freiberger Forsch.-H., C 19, Berlin 1956.

MACKOWSKY, M. TH.: Fortschritte auf dem Gebiet der Kohlenpetrographie. — Fortschr. Mineral., 45, 52—94, Stuttgart 1967.

MCCARTNEY, J. T., & L. J. E. HOFER: Microreflectivity analysis of coal. — Analytic. Chem., 27, 1320—1325, Washington 1955.

NITZSCHE, P.: Zur Theorie der Geoisothermen-Verschiebung in der Umgebung von heißen Intrusivkörpern. — Abh. sächs. Akad. Wiss., math.-naturwiss. Kl., 48, 3, Akad.-Verl., Berlin 1964.

PATTEISKY, K., & M. TEICHMÜLLER: Inkohlungs-Verlauf, Inkohlungs-Maßstäbe und Klassifikation der Kohlen auf Grund von Vitrit-Analysen. — Brennstoff-Chemie, 41, 79—84, 97—104, 133—137, Essen 1960.

PEŠEK, J.: Beitrag zur Kenntnis der Inkohlungsgeschwindigkeit der Pflanzensubstanz und der Verfestigung von Sedimenten. — N. Jb. Geol. Paläont., Abh., 133, 101—110, Stuttgart 1969.

PICKHARDT, W., & K. ROBOCK: Weiterentwicklung einer Apparatur zur photoelektrischen Messung der Reflexion und der Absorption. — Brennstoff-Chemie, 46, 3—7, 10 Bd., Essen 1965.

PIETZSCH, K.: Geologie von Sachsen. — VEB dt. Verl. Wiss., Berlin 1962.

PREUSZ, B.: Zur Problematik von Reflexionsmessungen an BHT-Koks. — Freiberger Forsch.-H., C 235, 63—69, Leipzig 1969.

ROHLEDER, R.: Beitrag zur Untersuchung der Zusammenhänge von lithofazieller Ausbildung und Inkohlung von Flözvitriniten sowie Vitriniten in Brandschiefern und kohligen Einlagerungen in Zwischenmitteln und Nebengesteinen. — Unveröff. Dipl.-Arb., Bergakad. Freiberg, Freiberg 1968.

STACH, E.: Die Untersuchung von Kohlenlagerstätten. — In: A. BENTZ & H. J. MARTINI: Lehrbuch der Angewandten Geologie, Bd. II, Teil 1. — Verl. Ferd. Enke, 421—562, Stuttgart 1968.

STEIN, W.: Chemische und chemisch-technische Untersuchung der Steinkohlen Sachsens. — Verl. W. Engelmann, 37—67, Leipzig 1857.

STUTZER, O.: Braunkohlenflöze und geothermische Tiefenstufe. — Braunkohle, 34, 862—865, Halle 1935.

TEICHMÜLLER, M. u. R.: Inkohlungsuntersuchungen im Dienst der angewandten Geologie. — Freiberger Forsch.-H., C 210, 155—195, Leipzig 1966.

TEICHMÜLLER, R.: Zusammenfassende Bemerkungen über die Diagenese des Ruhrkarbons und ihre Ursache. — Fortschr. Geol. Rheinl. u. Westf., 3,2, 725—734, Krefeld 1962.

WINKLER, H.: Das T-P-Feld der Diagenese und niedrig temperierten Metamorphose auf Grund von Mineralreaktionen. — Beitr. Mineral. Petrogr., 10, 70—93, Springer-Verl., Berlin—Göttingen—Heidelberg 1964.

Internationales Lexikon für Kohlenpetrologie. — Internat. Kommiss. f. Kohlenpetrol., 2. Aufl., deutsch., franz. u. engl. Ausg., Cerchar, Paris 1963, russ. Ausg., Akad. Wiss., Moskau 1963.

Gesetzmäßigkeiten der Verbreitung von Helium und heliumhaltigen Gasen in den Sedimentkomplexen der Erdkruste

W. F. NIKONOW, UdSSR

In den 20er und 30er Jahren bestand unter den Wissenschaftlern in Verbindung mit der Entwicklung der Luftschiffahrt ein großes Interesse an Untersuchungen der Heliumverbreitung in Erdgasen. Nicht weniger Aufmerksamkeit fanden auch Untersuchungen der Genese und der Suchkriterien für heliumhaltige Gase. In den letzten Jahren ist infolge umfassender Verwendung von Helium in der zivilen und militärischen Technik das Interesse an der Geologie und Geochemie dieses Gases erneut gestiegen (JAKUSENI, WORONOW, MACHMUDOW & TICHOMIROWA 1969).

Zu einigen Untersuchungsergebnissen der Heliumgenese und zu den Besonderheiten der Bildung heliumhaltiger Lager

Es wird angenommen, daß Helium in der Erdkruste hauptsächlich auf zweierlei Art entstanden sein kann: Ein Teil desselben ging in die Zusammensetzung der Erde bei ihrer Bildung aus kosmischer Substanz ein,

Aus: „Sowjetskaja Geologija", H. 10, S. 107—118 (1969).
Übers.: W. TOBIAS, Berlin.
Wissenschaftliche Bearbeitung: BERNHARD REH, Königs Wusterhausen.

während ein anderer im Ergebnis des ständigen Zerfalls radioaktiver Elemente entstand.

Es wurde festgestellt, daß allen uranführenden Provinzen eine erhöhte Heliumführung eigen ist (Ossipow & Janizki 1965).

In den 30er Jahren, als die Metallogenie des Urans als eine der Heliumquellen unzureichend untersucht war, wurde angenommen, daß sich Helium unmittelbar in den Speichern oder in deren Nähe aus dispersen radioaktiven Elementen oder Uranerzen bildet. So nahm W. W. Beloussow (1935) an, daß Helium in Sedimenten produziert wird, die durch Zerstörung von Granitoiden entstanden sind, für die radioaktive Elemente enthaltende akzessorische Minerale besonders charakteristisch waren. Das primäre Vorkommen radioaktiver Elemente in der Erdkruste ist jedoch unvergleichlich größer, als deren Menge in Sedimentgesteinen. Deshalb könnte man als Hauptquelle des Heliums tiefe Zonen der Erdkruste annehmen.

Viele Wissenschaftler vertraten jedoch die Ansicht, daß Helium aus Mineralen und Gesteinen, besonders aus tiefen Herden der Erdkruste, nicht abgeschieden werden kann.[1]) Dieser Umstand in Verbindung mit dem Fehlen der Radioaktivität in einigen Lagerstätten heliumführender Gase zwang die Wissenschaftler, andere Ursachen und Bedingungen für die Entstehung heliumhaltiger Lager zu suchen. Insbesondere W. P. Sawtschenko (1935) nahm an, daß sich Helium beim Entweichen aus radioaktiven Gesteinen in den unterirdischen Wässern löste, sich in ihnen im Verlaufe geologischer Zeiträume anreicherte und mit den Wässern zusammen migrierte. Trafen mit Helium gesättigte Wässer auf Gaslager, so spaltete sich Helium als freie Phase ab und bildete auf diese Weise im Lager erhöhte Konzentrationen. Helium könnte auch zusammen mit anderen Gasen, darunter mit Kohlenwasserstoffen, abgeschieden werden. Es wurde vermutet, daß in Erdöl- und Gas-Öl-Akkumulationen deshalb weniger Helium auftritt, weil es sich im Erdöl schlecht löst. Die bei der Gasentlösung des Erdöls frei werdende große Menge der im Öl gut löslichen Kohlenwasserstoffgase führt folglich zu einer relativen Verminderung der Heliumkonzentration.

Die Beobachtung sehr hoher Heliumkonzentrationen in Stickstoffgasen sowie der, wie es schien, offensichtliche Zusammenhang zwischen Helium und Stickstoff- und Stickstoffmethangasen führte zur Entstehung einer Theorie der unterirdischen Oxydation von Kohlenwasserstoffen. Nach dieser Theorie würde sich infolge der Oxydation von Methan und seiner Homologe das Volumen der Lager verringern und der relative Gehalt an inerten Gasen im Verhältnis zu den Kohlenwasserstoffen steigen. So würden sich Lager mit hohen Stickstoff- und Heliumgehalten bilden (Woronow 1967; Koslow 1950; Jakuseni 1963, 1968; Jakuseni u. a. 1968). Weil dieser Prozeß jedoch langwierig ist, schien die Verbindung der hohen Heliumsättigung mit paläozoischen Gesteinen die Hypothese der unterirdischen Oxydation zu bestätigen.

Gegenwärtig zwingt der Erforschungsgrad der Heliumverbreitung zu einem anderen Herangehen an die Genese heliumgesättigter Gase. Während z. B. im Jahre 1935 angenommen wurde, daß die Heliumkonzentration in Lagern mit abnehmender Teufe zunimmt (Sawtschenko 1935), ist heute bekannt, daß die Heliumkonzentration in den freien Gasen umgekehrt mit zunehmender Entfernung vom Fundament abnimmt, wie Hitchon (1963) am Beispiel Kanadas und Picard (1962) am Beispiel des Gebiets Fort Corners in den USA gezeigt haben. Hinsichtlich der gelösten Gase der Russischen Tafel wurde eine derartige Heliumverteilung durch A. N. Woronow (1967) festgestellt. Vom Verf. wurde ermittelt, daß 67% aller Fälle einer hohen (mehr als 0,3%igen) Heliumkonzentration in Lagern von Gas-, Gas-Öl- und Öl-Lagerstätten an Teufen von 1000 bis 3000 m geknüpft sind.

All diese Tatsachen entsprechen dem mathematischen Modell der Heliummigration durch sedimentäre Gesteine (Newton & Round 1961), auf dessen Grundlage Hitchon auch den Schluß zog, daß das Fundament die Hauptquelle des Heliums im Deckgebirge darstellt.

Die Ansicht von W. G. Chlopin (1934), die seinerzeit keine Anerkennung fand, daß sich ein Teil des Heliums bei hoher Temperatur abscheidet und in Störungszonen die Möglichkeit der Migration des Heliums aus dem Fundament besteht, gewann in den letzten Jahren auf der Basis neuester Versuche und Verallgemeinerungen an Verbreitung.

Von Hurley (1954) wurde bei der Untersuchung der Verbreitung und Migration von Helium in den Gesteinen festgestellt, daß im Ergebnis von Strahlungseinwirkungen das Kristallgitter der letzteren die Fähigkeit verliert, Helium zurückzuhalten. Nach seinen Angaben betrugen an Proben aus einer Teufe von 1000 m die Heliumverluste 80% der Gesamtmenge, die sich im Verlaufe des radioaktiven Zerfalls gebildet hat. Sogar unbeanspruchte Kristalle geben bei Erhitzen auf 300—400° 5—7% des Heliums ab (Stschukoljukow & Aschkinadse 1967).

Nach dem Studium einer Vielzahl von Literaturangaben zeigte W. P. Jakuseni (1968), daß die Abscheidung von Helium aus Gesteinen und gesteinsbildenden Mineralen keine besonderen Schwierigkeiten bereitet. Jedoch wird Helium „... bedeutend leichter von älteren, grobkristallinen Gesteinen abgegeben... So scheiden Granite das in ihnen gebildete Helium leicht, Basalte dagegen erheblich schwerer ab“ (S. 82).

S. N. Nesmelowa & K. S. Soldatowa (1967) nehmen auf Grund des Zusammenhangs zwischen erhöhten Konzentrationen von radiogenem Argon und kristallinen Gesteinen des Fundaments sowie Zonen „tektonischer Dislokationen“ an, daß die Entgasung tiefer Herde der Erde auch gegenwärtig andauert.

Die Diskrepanz zwischen den Heliumvolumina in Lagern heliumführender Gase und den Quellen einer solchen Menge, die sich beim Zerfall von Elementen in den Sedimentgesteinen selber bilden konnte, ist eine der Ursachen für die Anerkennung der Migration von Helium entweder aus großen Tiefen oder aus magmatischen Herden (Ossipow & Janizki 1965a, 1965b). Hinzugefügt sei noch, daß die Bildung der größten Heliumakkumulation der Welt, der Lagerstätte Panhandle-Hugoton, nicht durch die Entlösung dieses Gases aus Wässern erklärt werden kann, die im gegebenen Fall auf

[1]) Zur selben Zeit wurde von W. G. Chlopin (1934) gezeigt, daß bei hoher Temperatur und unter dem Einfluß von Wasserstoff Mineralien einen Teil ihres Heliums abscheiden. W. G. Chlopin nahm an, daß in Störungszonen günstige Bedingungen für die Migration von Helium aus tiefen Zonen bestehen. Dieser Standpunkt fand jedoch keine Verbreitung.

einer gewaltigen Fläche von über 3500 km² hätten entgasen müssen. PIERCE u. a. (1964) kamen nach einer sorgfältigen Spezialuntersuchung des Heliums und des Urans hier und in den angrenzenden Gebieten zu dem Schluß, daß die Möglichkeit einer Gaszufuhr aus benachbarten Becken besteht. Der Mechanismus dieses Vorganges ist jedoch nicht bekannt. Offensichtlich sehen diese Autoren gerade deshalb die Migration von Helium auf Störungen als einen der Bildungsmechanismen dieser Lager an.

Wie die Untersuchungen von WHEELER (1955), DEATON (1959), W. P. JAKUSENI (1963), THOMPSON (1954) u. a. zeigen, kann man einen bestimmten Zusammenhang zwischen der Heliumführung und Intrusionen sowie Erosionsvorsprüngen kristalliner Gesteine, insbesondere von Granitoiden, nicht negieren.

Auf diese Weise kann man getrost behaupten, daß ein Teil des Heliums, Argons und anderer inerter Gase in den Sedimentgesteinen sekundären Ursprung besitzt.[2]) Deshalb unterstreichen W. P. JAKUSENI (1968) und einige andere Forscher nicht zufällig den Zusammenhang zwischen erhöhten Heliumkonzentrationen und Bruchzonen. Vorläufig besteht noch keine endgültige Klarheit darüber, ob sich in der Erdkruste ausreichend Helium bildet oder ob ein spürbarer Zustrom aus dem Mantel vorhanden ist. Die Berechnungen von W. I. BARANOW und K. G. KNORRE sprechen dafür, daß das Helium der Kruste für die Abdeckung der Verluste im Ergebnis der Dissipation in den Weltraum völlig ausreichend ist. Jedoch existiert auch ein gewisser Heliumzustrom aus dem Mantel (SUESS & WÖNKE 1965).

Somit müssen die Ansichten über einige wichtige Seiten der Lagerbildung heliumführender Gase heute in Übereinstimmung mit den neuen Erkenntnissen gebracht werden. Zum Beispiel sollte die Möglichkeit geprüft werden, ob das Verhältnis von Helium zu Argon für die Altersbestimmung von Gasen und Wässern zu verwenden ist, wobei die Zufuhr eines Teils der Gase aus Gesteinen des Fundaments zu beachten wäre. Bekanntlich hat dieses Verfahren bei den Erdölgeologen nicht nur weite Verbreitung gefunden, sondern wird auch als Beweis zugunsten einiger Hypothesen der Erdölentstehung herangezogen (WASSOJEWITSCH & AMOSSOW 1967), noch dazu ohne Berücksichtigung der radiogenen Argonkomponente.

Sobald bekannt wurde, daß auch Argon neben Helium in Gasen radiogen entstanden sein kann, empfahl W. P. SAWTSCHENKO (1958), dieses Argon aus den Berechnungen auszuschließen. Radiogen entstandenes Helium, welches von unten zuströmt, von radiogen entstandenem Helium der Sedimentgesteine zu unterscheiden, ist jedoch überhaupt kaum möglich, schon gar nicht, ohne sorgfältige Untersuchungen durchzuführen.

Bei Altersbestimmungen von Gasen zeigt es sich, daß diese in tieferen Horizonten „älter" sind, weil die Menge dieser Gase nicht so sehr im Zerfallsprozeß von Mineralen der Sedimentgesteine als vielmehr infolge ihrer Migration aus dem Fundament zunimmt. Es ist nicht schwierig, das Alter der Gase zu bestimmen, um so mehr, als das Alter der Gesteine, in denen die Lager auftreten, immer bekannt ist. Offensichtlich muß in Gebieten mit hoher Heliumsättigung der Erdgase die von unten zugeführte Heliummenge größer sein. Infolgedessen müßten Fehler bei der Altersbestimmung deutlicher in Erscheinung treten.

Zur Überprüfung dieser Annahme wurde von dem Autor anhand der Materialien von LARTMAN u. a. (1961) das mögliche Alter der heliumführenden Gase der USA unter Berücksichtigung des radiogenen Argons bestimmt. In 73% aller Fälle erwies sich das Alter um das 1,2- bis 111fache höher als das des Nebengesteins. In einzelnen Fällen ergab es sich sogar, daß dieses sogenannte Alter des Gases das der Erdkruste um ein Mehrfaches übersteigen würde.

Auf diese Weise wird klar, daß zumindest ohne Berücksichtigung des Anteils aller Prozesse, die an der Herausbildung der rezenten Zusammensetzung der Gase in den Schichten beteiligt sind, nur auf der Basis einer einfachen Bestimmung der Helium—Argon-Relation keine objektiven Angaben über das Alter von Gasen gewonnen werden können. Die gleiche Meinung äußerten W. P. JAKUSENI, A. CH. MACHMUDOW, W. W. TICHOMIROW & A. W. WORONOW (1968).

Die Mehrzahl der Arbeiten über Helium besitzt theoretischen Charakter. Diese Arbeiten sind gerichtet auf die Klärung der Genese des Heliums, die Möglichkeiten seiner Migration, des Alters der Lager, seiner Verbreitung in Mineralen und der Wechselbeziehungen mit anderen inerten Gasen. Nur einzelne Untersuchungen sind den Kriterien für Sucharbeiten auf heliumführende Gase gewidmet. Es gibt nicht eine einzige fundamentale Arbeit, in der die Wechselbeziehungen zwischen Helium und den Kohlenwasserstoffen behandelt würden, obwohl Sucharbeiten auf diesen Rohstoff gewöhnlich gleichzeitig mit Arbeiten auf Erdöl und Erdgas durchgeführt werden. Bereits in den 20er und 30er Jahren wurde die Aufmerksamkeit darauf gelenkt, daß Helium in erdöl- und erdgasführenden Provinzen auftritt. Aber ein tiefgründiges Studium der Besonderheiten bei der Verbreitung heliumführender Lagerstätten innerhalb der eigentlichen erdöl- und erdgasführenden Gebiete auf der Grundlage moderner Erkenntnisse wurde erst in den letzten Jahren begonnen (JAKUSENI 1963, 1968; JAKUSENI & PETRIKOWSKAJA 1965).

Es reifte die Notwendigkeit heran, fundamentale Untersuchungen über die Wechselbeziehungen zwischen Helium und Erdöl sowie Kohlenwasserstoffgasen und Untersuchungen über die Verbreitung von Helium nicht nur in Lagern einer bestimmten qualitativen Zusammensetzung anzustellen, sondern auch innerhalb großer erdöl- und erdgasführender Territorien in Abhängigkeit vom Charakter der Lagerstätten (Gas-, Gas-Öl- und Öllagerstätten); gar nicht zu sprechen über das Studium der Besonderheiten des geologischen Baues heliumführender Gebiete.

Die Verbreitung von Helium in Gas-, Gas-Öl- und Öllagerstätten

Von Wissenschaftlern wurde mehrfach auf das Vorhandensein eines Zusammenhangs zwischen Helium und Stickstoff (KOSLOW 1950; JAKUSENI 1963, 1968; HITCHON 1963; PICARD 1962 u. a.) sowie zwischen Helium und Argon (JAKUSENI 1963; PICARD 1962) in den Erdgasen verwiesen.

[2]) Die Konzentrationen von Helium, die sich in den Gesteinen des kristallinen Fundaments bilden, liegen um zwei Größenordnungen (JAKUSENI u. a. 1969) über dessen Konzentrationen in Sedimentkomplexen.

Tabelle 1.*)

Lagertyp	Anzahl der Lager	Lager mit Stickstoffzusammensetzung (N_2, über 50%)	
		Anzahl	Anteil der Gesamtanzahl %
Gaslager reiner Gaslagerstätten	31	11	36
Gaslager von Gas-Öl-Lagerstätten	19	5	26
Gas-Öl- und Öllager	58	11	19

*) Die Meinung von W. P. JAKUSENI, daß eine Zunahme der CO_2-Gehalte eine Verringerung der Heliumkonzentrationen nach sich zieht, wird auch durch unsere Untersuchungen bestätigt. In der Tabelle ist nur der Stickstoffgehalt angegeben. Der übrige Gasanteil besteht hauptsächlich aus Kohlenwasserstoffen.

So nahm JA. W. GAWRILOW (1932) an, daß alle mit Helium angereicherten Gase trocken sind. W. P. SAWTSCHENKO (1935) stellte fest, indem er sich auf JA. W. GAWRILOW bezieht: „Wenn dies auch nicht völlig der Wirklichkeit entspricht, so müssen doch im allgemeinen die geochemischen Gesetzmäßigkeiten der Bildung von Heliumlagerstätten zu einer größeren Anreicherung trockener Gase, denn fetter mit Helium führen" (S. 83). Einen analogen Standpunkt äußerte später W. P. JAKUSENI (1963): „Zwischen dem Gehalt an Helium, Kohlendioxid und schweren Kohlenwasserstoffen in der Zusammensetzung von Gasen besteht in den meisten Fällen eine reziproke Abhängigkeit. Je fetter ein Gas ist oder je mehr Kohlendioxid an seiner Zusammensetzung beteiligt ist, um so weniger Helium führt es" (S. 84—85). Die Anwesenheit von Helium in fetten Gasen hielt sie für eine Ausnahme.

Die Verbindung zwischen erhöhter Heliumführung und trockenen Stickstoff- und Stickstoffmethangasen war derart offensichtlich, daß spezielle Untersuchungen der Wechselbeziehungen zwischen Helium und Kohlenwasserstoffen nicht durchgeführt worden sind. Die Heliumverteilung in Stickstoffgasen wurde auch nicht quantitativ ausgedrückt. Dem Gesamtcharakter wurde bei mehrschichtigen heliumführenden Lagerstätten nur ungenügende Aufmerksamkeit gewidmet.

Wir untersuchten die Zusammensetzung der Gase aus Gas- und Erdöllagerstätten der UdSSR und anderer Länder anhand einer Vielzahl von Literaturangaben (ALEKSEJEW & TICHOMIROWA 1960; BALUCHOWSKIJ 1967; TABASSARANSKIJ 1960; BOONE 1958; HITCHON 1963; MILLER & NORRELL 1964a, 1964b; MOORE & SHREWSBURY 1966; MUNNERLYN & MILLER 1963; TAINSH u. a. 1959 u. a.). Das bot die Möglichkeit, zu objektiven Vorstellungen über die Gesetzmäßigkeiten der qualitativen Zusammensetzung der Gase zu gelangen und für einige von ihnen auch eine generelle quantitative Charakteristik zu geben.

So sind in der Tat die höchsten (über 5—6%igen) Heliumkonzentrationen aus Stickstoffgaslagern bekannt. Derartige Lager stellen jedoch Einzelfälle dar. Sie werden ebenso selten angetroffen wie solche einzigartigen Heliumkonzentrationen. Gasakkumulationen mit Stickstoffgehalten über 80% machen zahlenmäßig nicht mehr als 1% der Gaslager reiner Gaslagerstätten und insgesamt nur 0,6% der Gesamtzahl von Gas-, Gas-Öl- und Öllagern aus. Etwa 28% aller Gaslager der genannten Stickstoffzusammensetzung enthalten keine hohen (über 0,3%igen) Heliumkonzentrationen.

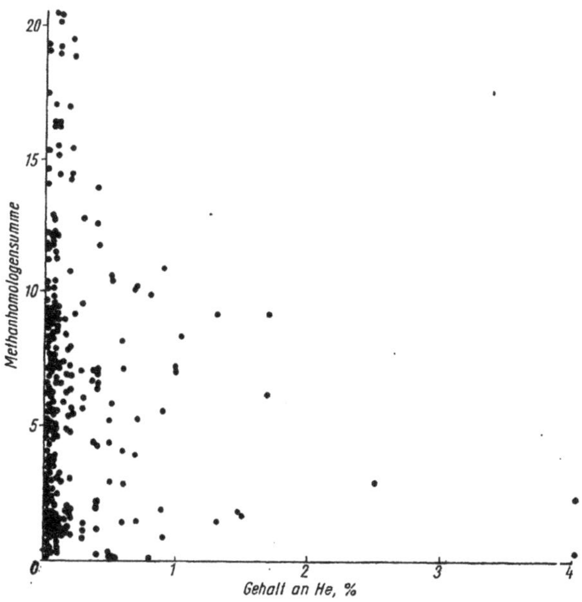

Abb. 1. Die Abhängigkeit des Heliumgehalts von der Methanhomologensumme in den Gaslagern reiner Gaslagerstätten

Tabelle 2.

Lager	Anzahl der Fälle Beispiele	Auftreten von Heliumkonzentrationen zwischen 0,3 und 1%				Auftreten von Heliumkonzentrationen von über 1%			
		Anzahl der Fälle	in % zur Anzahl der Lager dieses Typs	in % zur Gesamtlageranzahl		Anzahl der Fälle	in % zur Anzahl der Lager dieses Typs	in % zur Gesamtlageranzahl	
Gaslager reiner Gaslagerstätten	1394	97	7,0	3,0		34	2,5	1,1	
Gaslager von Gas-Öl-Lagerstätten	569	45	7,9	1,4	4,7	20	3,5	0,7	2,5
Gas-Öl-Lager	661	74	11,1	2,3		33	5,0	1,0	
Öllager	584	32	5,5	1,0		26	4,4	0,8	

Analysiert man einen breiteren Bereich von Heliumkonzentrationen (selbst von 1% und darüber) in den Lagern in bezug auf den Stickstoffgehalt, so kann man sich überzeugen, daß derartige Konzentrationen für stickstoffhaltige Gase in geringerem Maße typisch sind als für Kohlenwasserstoffgase (Tab. 1). Heliumführende Stickstoffgase sind für reine Gaslagerstätten charakteristisch. Die Anzahl der Lager mit derartigen Gasen verringert sich in dem Maße, wie die Rolle des Erdöls in diesen Lagerstätten zunimmt.

Helium in Konzentrationen von 0,3—1% und von 1% und darüber (Tab. 2) tritt in Lagern reiner Gaslagerstätten seltener auf als in den Gaslagern von Gas-Öl-Lagerstätten sowie Gas-Öl- und Öllagern. Unterteilt man die Lager nur in zwei Gruppen (mit und ohne Zusammenhang mit Öl), so wird ersichtlich, daß Heliumkonzentrationen von 0,3—1% in 3% aller Gaslagerstätten, aber in 4,7% aller Lagerstätten mit Erdöl angetroffen werden. Noch anschaulicher spiegelt sich diese Besonderheit bei Heliumkonzentrationen von über 1% wider (s. Tab. 2).

Folglich sind Gas-Öl- und Öllagerstätten mehr als doppelt so häufig heliumführend wie reine Gaslagerstätten, obwohl in den Gas-Öl-Lagerstätten das Helium vorwiegend an Gaslager gebunden sein kann.

In den Gasen aus Gaslagern reiner Gaslagerstätten (Abb. 1) werden industrielle Konzentrationen nach den in den USA geltenden Normen (von 0,3% und darüber) bei einer Homologensumme bis zu 15% angetroffen, wobei in Gasen mit einer Methanhomologensumme bis zu 10% häufig Heliumkonzentrationen angetroffen werden, die in der Nähe von 1% und darüber liegen.

In den Gaslagern von Gas-Öl-Lagerstätten (Abb. 2) tritt diese Besonderheit noch offensichtlicher in Erscheinung: Erhöhte Heliumkonzentrationen sind für Lager mit einer Homologensumme von 2—3 bis zu 15—16% besonders charakteristisch. Am häufigsten werden hohe Heliumgehalte zwischen 5—10% festgestellt.

Ein analoges Bild ist auch für Gas-Öl-Lager charakteristisch, nur mit dem wichtigen Unterschied, daß die industriellen Heliumkonzentrationen gewöhnlich 15 bis 20% betragen. Selbst die Öllager bilden von diesem Gesichtspunkt aus betrachtet keine Ausnahme.

In Gasen aus Gaslagern von Gas-Öl-Lagerstätten sowie aus gemischten und Erdöllagern meiden erhöhte Heliumkonzentrationen gewissermaßen Gase mit einer niedrigen Homologensumme, also die sogenannten „trockenen" Gase. Diese Besonderheit läßt sich bei einer Betrachtung der Häufigkeit des Auftretens von Heliumkonzentrationen von über 0,3% in Abhängigkeit von der Homologensumme deutlich erkennen (Abb. 3). In Gasen, die mit Erdöl verknüpft sind, nimmt die Häufigkeit des Auftretens erhöhter Heliumkonzentrationen zunächst in dem Maße zu, wie die Summe der Homologen ansteigt, um dann erneut abzunehmen. Nur für Gase reiner Gaslagerstätten ist die von W. P. JAKUSENI festgestellte Gesetzmäßigkeit: Verringerung der Heliumkonzentration in dem Maße, wie die Homologensumme zunimmt, charakteristisch. Diese Besonderheit kann als Bestätigung unserer Auffassung angesehen werden, daß die Genese „trockener" Gase einerseits und „fetter" Gase andererseits in bestimmtem Maße unterschiedlich ist (NIKONOW 1967). Jedoch ist die Kurve 1 (s. Abb. 3) im betreffenden Fall etwas idealisiert. Die Häufigkeit des

Tabelle 3.

Lagerstätte	Gehalt des Gases in Volumen-%	
	Stickstoff	Helium
Greenwood	3,9 – 27,0	0,48 – 0,73
Panhandle-Hugoton	19,3 – 16,0	0,10 – 1,35
Kays	27,0 – 28,0	1,81 – 2,30
Cliffside	23,0 – 25,0	1,71 – 1,82

Auftretens erhöhter Heliumkonzentrationen ist im Intervall der Homologensumme von 5—7,5% etwas größer als im Intervall von 2,5—5%, d. h., es ist eine gewisse Widerspiegelung der Gesetzmäßigkeiten der Heliumverteilung in den Gasen von Gas-Öl- und Öllagerstätten vorhanden.

Die Zahl der beobachteten Fälle erhöhter Heliumkonzentrationen (mehr als 0,3%) unter der Bedingung, daß die Homologensumme von 0—2,5% variiert, beträgt bei „trockenen" Gasen 70 und bei „fetten" 290. Es ist interessant festzustellen, daß bei einer Homologensumme von 5—7,5% erhöhte Heliumkonzentrationen häufiger angetroffen werden als bei niedrigeren und höheren Homologensummen. Konzentrationen von 0,3—1% sind für Homologensummen von 5—15% charakteristisch. Einzigartige Heliumkonzentrationen, wenn auch die Zahl dieser Fälle im Vergleich zu der Zahl erhöhter Heliumkonzentrationen insgesamt unbedeutend ist, weisen Gase mit niedriger Homologensumme (0—5%) auf.

Bei sorgfältiger Untersuchung der Zusammensetzung heliumführender und heliumfreier Gase wurde von uns festgestellt, daß neben der Neigung zu einer Verbindung mit den Methanhomologen erhöhte Heliumkonzentrationen die Tendenz aufweisen, in Gasen aufzutreten, die ihrem Charakter nach zum Erdöltyp gestellt werden können (niedriges C_2/C_3-, C_3/C_4-Verhältnis usw.). Die

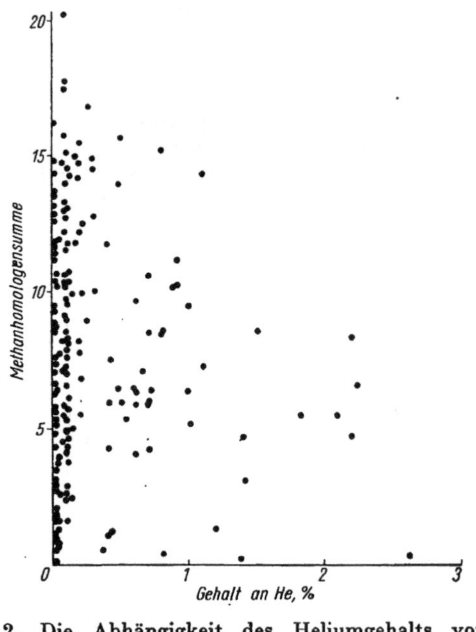

Abb. 2. Die Abhängigkeit des Heliumgehalts von der Methanhomologensumme in den Gaslagern von Gas-Öl-Lagerstätten

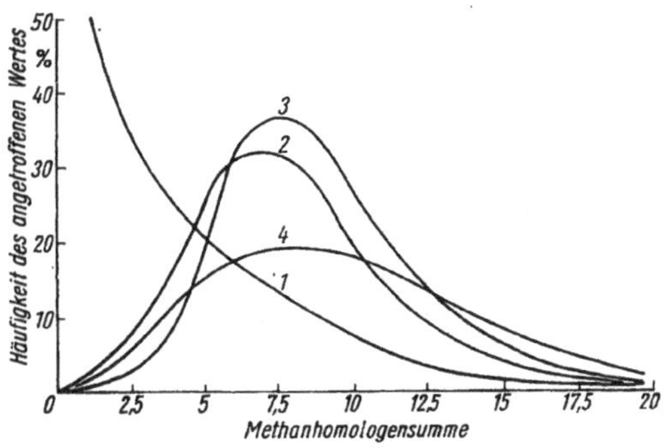

Abb. 3. Die Häufigkeit des Auftretens erhöhter Heliumkonzentrationen (> 0,3%) in Abhängigkeit von der Methanhomologensumme

1 — in Gaslagern reiner Gaslagerstätten; 2 — in Gaslagern von Gas-Öl-Lagerstätten; 3 — in Gas-Öl-Lagern; 4 — in Öllagern

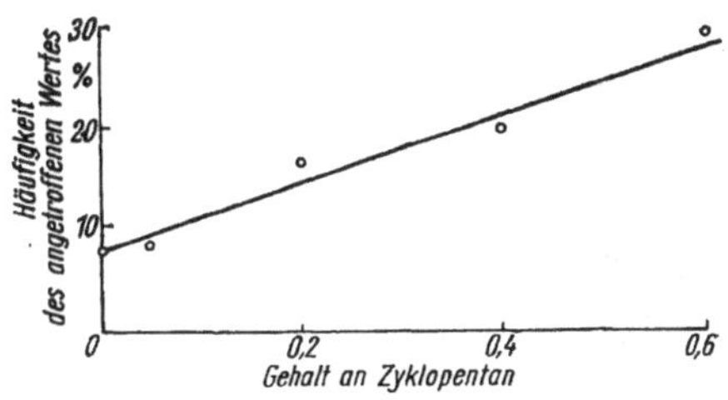

Abb. 4. Die Abhängigkeit zwischen den Vorkommen erhöhter Heliumkonzentrationen und der Zyklopentanmenge in den Gasen aus Gaslagern reiner Gaslagerstätten

„Fettigkeit" des Gases nimmt gewöhnlich zu, wenn das Verhältnis von CH_4 zur Homologensumme kleiner wird.

Auf diese Weise spiegeln die einzigartigen Heliumkonzentrationen, die nur an Stickstoffgase gebunden sind, nicht die allgemeine Gesetzmäßigkeit der Heliumverteilung in Gasen wider und können deshalb nicht als Hauptkriterium für die Festlegung der Richtung von Sucharbeiten auf heliumführende Akkumulationen dienen. Denn obwohl die Heliumkonzentrationen in den bekannten Stickstoffgaslagern auch hoch sind, beinhalten diese Lagerstätten nicht die größten Heliumvorräte.

Nach den Angaben von LIPPER (1965) sind 94% der Heliumvorräte der USA an vier Lagerstätten gebunden, nämlich Panhandle-Hugoton, Kays, Greenwood und Cliffside, für die hohe Stickstoff- und maximale Heliumgehalte nicht im entferntesten charakteristisch sind (Tab. 3). Von diesen ist nur Cliffside eine reine Gaslagerstätte. Die anderen enthalten auch Öl in gewissen Mengen.

Wie die Untersuchung der Verbreitung von Zyklopentan in den Gasen zeigte, ist dieses besonders für Gas-Öl- und Öllager charakteristisch, weil das Vorhandensein zyklischer Verbindungen für Erdöl im allgemeinen typisch ist. Für die Gase reiner Gaslager sind Kohlenwasserstoffe der Methanreihe typisch. So sind „Null"-Werte der Gehalte an Zyklopentan für die Gaslager reiner Gaslagerstätten in 36,8% aller Fälle charakteristisch, für Öl-, Gas-Öl- sowie Gaslager von Gas-Öl-Lagerstätten insgesamt dagegen in jeweils 1,4, 7,1 bzw. 8% aller Fälle.

Es ist außerordentlich interessant, daß bei Untersuchungen der Heliumverbreitung in Gasen reiner Gaslagerstätten, in denen, wie wir bereits feststellten, höhere Homologensummen eine Abnahme der Häufigkeit des Auftretens erhöhter Heliumkonzentrationen nach sich ziehen, eine direkte Abhängigkeit zwischen der Häufigkeit des Auftretens industrieller Heliumkonzentrationen (nach den Konditionen der USA) und der Menge an Zyklopentan beobachtet wird (Abb. 4). Bei hohen Zyklopentananteilen kann Helium auch fehlen. Wird letzteres jedoch in höheren Konzentrationen angetroffen, so ist der Zyklopentangehalt in dem betreffenden Fall gewöhnlich ebenfalls erhöht.

Es ist interessant zu sagen, daß Helium, wenn man das so ausdrücken kann, in „trockenen" Gasen selten auftritt und sehr „fetten", d. h. dem Erdöl näherstehenden Gasen, den Vorzug gibt. Mit einem Wort, erhöhte Heliumkonzentrationen werden in Gas-Öl-Lagerstätten häufiger als in Lagerstätten von „reinem" Typ, also reinen Gas- oder reinen Öllagerstätten, angetroffen.

Zusammenfassend kann man mit Bestimmtheit sagen, daß ein gewisser Zusammenhang zwischen dem Helium nichtbrennbarer und brennbarer Gase einerseits und den Kohlenwasserstoffen oder zumindest mit einem Teil derselben andererseits besteht.

Die Verbreitung heliumhaltiger Lager in erdöl- und erdgasführenden Provinzen und grundsätzliche Schlußfolgerungen

In ausschließlich gasführenden Becken, wie z. B. Transsilvanien (Rumänien), Paisans und Sacramento (USA), sowie in den großen reinen Erdgaszonen des Karpatenvorlands, der Appallachen u. a. werden hohe Heliumkonzentrationen nicht und mäßig erhöhte Werte (bis zu 0,5—0,6%) sehr selten angetroffen. Für ausschließlich erdölführende Becken und Zonen (Kalifornien, Illinois, Venezuela u. a.) sind nach den uns vorliegenden Angaben hohe Heliumkonzentrationen ebenfalls nicht charakteristisch.

PIERCE, GOTT & MYTTON (1964) und ihnen folgend W. P. JAKUSENI (1963) stellten fest, daß heliumführende Gase vor allen Dingen für alte Tafelgebiete und paläozoische Sedimente kennzeichnend sind. Die gasführenden Randsenken und gasführenden Zonen solcher Senken enthalten jedoch unabhängig vom Alter der sie ausfüllenden Sedimente keine erhöhten Heliumkonzentrationen. Paläozoische Gesteine der Randsenken enthalten ebenso wie die jüngeren keine heliumführenden Lager. Möglicherweise haben die intensiven und differenzierten Bewegungen dieser Gebiete während des geosynklinalen Stadiums eine starke Entgasung der tieferen Zonen gefördert. Da aber die radioaktiven Zerfallsprozesse sehr langsam ablaufen, konnten die Heliumverluste im nachfolgenden Stadium der Ablagerung des Deckgebirges nicht wieder ersetzt werden.

Wendet man sich den Arbeiten zu, in denen die Gaszusammensetzung reiner Gaslagerstätten mit mehr als 500 Milliarden m³ Vorräten behandelt wird, so kann man feststellen, daß diese gewaltigen Gasakkumulationen entweder überhaupt kein Helium oder dieses in äußerst niedrigen Konzentrationen (nicht über 0,06%) enthalten.

Die bedeutenden heliumführenden Gebiete der USA und Kanadas fallen mit erdöl- und erdgasführenden Territorien (Fort Corners, Kansas, Nordoklahoma, Texas u. a.) zusammen. Die größte Heliumakkumulation der Welt, Panhandle-Hugoton, liegt direkt in einer erdöl- und erdgasführenden Zone und ist an eine Kohlenwasserstofflagerstätte gebunden. Viele Lagerstätten von Kansas und Fort Corners mit Heliumkonzentrationen von 1—8% sind ebenfalls Gas-Öl-Lagerstätten (Augusta, Petrolia, East Boundary But, Hoogbak, Ruttlesnake u. a.).

Dazu kommt noch, daß die Stickstoffgase, die sehr hohe Heliumkonzentrationen enthalten (1—8%), in dem durch seine Heliumführung bekannten Gebiet von Fort Corners (USA) meist mit Öl- und Gas-Öl-Lagerstätten in Verbindung stehen. Das gleiche läßt sich von den Stickstoffgasen Norddakotas und Montanas sagen.

So stellt die Entstehung von Helium im Verlauf des radioaktiven Zerfalls nur eine Seite seiner Genese dar. Daneben bestehen bestimmte Beziehungen des Heliums nicht nur zu Stickstoff, sondern auch zu einigen Kohlenwasserstoffen. Daher macht sich eine gemeinsame gründliche Untersuchung der Genese von Helium und Kohlenwasserstoffen erforderlich. Die von uns erzielten Angaben passen nicht in die allgemeine Vorstellung, daß sich die Abhängigkeit der Heliumkonzentrationen vom Anteil der anderen Gase nur durch sekundäre Prozesse ihrer Akkumulation erklären. Infolgedessen ist es wichtig, die Gründe des Zusammenhangs zwischen Helium und den Kohlenwasserstoffen zu klären und Gesteine, die für die Erzeugung dieser Komponenten am günstigsten sind, sowie die thermodynamischen Bedingungen und die Teufenlage der Hauptquellen von Helium und Kohlenwasserstoffen zu untersuchen.

Eine allseitige und detaillierte Untersuchung von Helium und Kohlenwasserstoffen wird es ermöglichen, die Genese der einzelnen Erdgaskomponenten zu klären und zielgerichtetere Sucharbeiten auf heliumhaltige Akkumulationen in Angriff zu nehmen. Die Behandlung von Besonderheiten der Heliumverbreitung muß zu einer Präzisierung oder Veränderung der Suchkriterien auf Helium führen. Gegenwärtig sind diese Kriterien nur wenig entwickelt.

Literatur

ALEKSEJEW, F. A., & N. L. TICHOMIROWA: Methodik und Ergebnisse einer Untersuchung des Zusammenhangs zwischen natürlicher Radioaktivität und Veränderungen der Zusammensetzung natürlicher Gase in den Erdölgebieten im Osten der Russischen Plattform. — In: Fragen der Geochemie erdölführender Gebiete. — GOSINTI (1960).

BALUCHOWSKI, N. F.: Die Methodik regionaler Untersuchungen der erdöl- und erdgasführenden Provinzen. — Isd. Naukowa dumka, Kiew 1967.

BELOUSSOW, W. W.: Der gegenwärtige Stand der Kenntnisse auf dem Gebiet der Geologie und Geochemie des Heliums. — In: G. SCHERBORN RODGERS: Heliumführende natürliche Gase. — ONTI (1935).

BLISKAWKA, A. G., W. I. RUBAN & S. P. CHALLIJEW: Neokome Sedimente — ein neuer gasführender Komplex der zentralen Karakum-Gebiete. — In: Die Erdöl- und Erdgasindustrie Mittelasiens. — Neftjanaja i gasowaja promyschlennost Srednej Adii, Nr. 1 (1967).

BOONE, W. I. JR.: Helium-bearing natural gases of the United States. Analyses and analytical methods. — Supplement to Bulletin 486, Bureau of Mines Bull., 576 (1958).

CHLOPIN, W. G.: Zur Geochemie des Heliums. — Dokl. AN SSSR, t. 3, Nr. 5 (1934).

COOK, M. A.: Where is the earth's radiogenic helium. — Nature, vol. 179, 4552 (1957).

CRAIG, M.: Rare gas evidance for cosmic dust in modern Pacific red clay. — Ann. N. Y., Acad. Science, vol. 119, 1 (1964).

DEATON, W. M.: On the U. S. govt's proposed helium conservations program. Mid continent regional meeting of America. — Assoc. Petrol. Geol., Wichita (Kansas) 1959.

GAWRILOW, JA. W.: Die Geologie des Erdöls. — Asnefteisdat, Baku 1932.

GORJUNOW, M. S.: Fragen der Geochemie heliumführender Gase und der Bedingungen für die Akkumulation von Helium in der Erdkruste. — Gostoptechisdat (1940).

HITCHON, B.: Geochemical studies of natural gas. Part. III, inert gases in Western Canadian. — Natural Gases, Journal Canad. Petrol. Techn., vol. 2, Nr. 4 (1963).

HITCHON, B.: Geochemistry of natural gas in Western Canada. Natural gases of North America. — Memoir 9, vol. 2, Amer. Assoc. Petrol. Geol. (1968).

HUGO, P. I.: Helium in the Orange Free State oilfield. — Depart. Min., Bull. 39 (1963).

HURLEY, P. M.: The helium age method and the distribution and migration of helium in rocks nuclear geology. — H. Foul (1954).

JAKUSENI, W. P.: Die Gesetzmäßigkeiten der Herausbildung von Lagern heliumführender Gase. — Gostoptechisdat (1963).

— Die Geologie des Heliums. — Isd. Nedra (1968).

JAKUSENI, W. P., & N. M. PETRIKOWSKAJA: Die Verteilung der Zonen regionaler Heliumakkumulation auf der Erde. — Sowetskaja geologija, Nr. 1 (1965).

JAKUSENI, W. P., A. CH. MACHMUDOW, W. W. TICHOMIROW & A. N. WORONOW: Die Existenzbedingungen von Erdöl und Erdgas nach den Angaben über inerte Gase. — Tr. WNIGRI, wyp. 257 (1968).

JAKUSENI, W. P., A. N. WORONOW, A. CH. MACHMUDOW & W. G. TICHOMIROWA: Die Gesetzmäßigkeiten der Heliumverteilung in den Sedimentkomplexen und die Bedingungen für die Bildung industrieller Akkumulationen desselben. — Geochimija, Nr. 2 (1969).

JAMES, T. C.: Occurrences of helium-bearing gases in Musoma and North Mara districts, Lake Province. — Record. Geol. Survey Tanganjika, vol. 7 (1957).

KARPOW, A. K., & M. W. OGNJANOWA: Charakteristik der chemischen Zusammensetzung der natürlichen Gase Sibiriens. — Tr. WNIIGAS, wyp. 42/50 (1968).

KOSLOW, A. L.: Die unterirdische Oxydation von Kohlenwasserstoffen. — Tr. Nautschno-geol. sowetstsch. po nefti, osokeritu i gorjutschim gasam USSR, Isd. AN USSR, Kiew 1949.

— Probleme der Geochemie natürlicher Gase. — Gostoptechisdat (1950).

LARTMAN, R. E., G. I. WASSERBURG & I. H. REYNOLDS: Helium, argon and carbon in some natural gases. — J. Geophys. Res., vol. 66, 1 (1961).

LIPPER, H.: Helium mineral facts and problems. — Bull. Bureau of Mines, 630 (1965).

MILLER, R. D., & G. P. NORRELL: Analyses of natural gases of the United States. — 1961, by R. D. MILLER & G. P. NORRELL (Washington), U. S. Dep. of the Interior, Bureau of Mines (1964) [1964a].

— Analyses of natural gases of the United States. — 1961, by R. D. MILLER & G. P. NORRELL (Washington), U. S. Dep. of the Interior, Bureau of Mines (1964) [1964b].

MOORE, B. J., & R. D. SHREWSBURY: Analyses of natural gases of the United States. — 1965, by B. J. MOORE and R. D. SHREWSBURY (Washington), U. S. Dep. of the Interior, Bureau of Mines (1966).

MUNNERLYN, R. D., & R. D. MILLER: Helium-bearing natural gases of the United States: analyses. Second supplement to Bulletin 486. — By R. D. MUNNERLYN and R. D. MILLER (Washington), Gov. Print. Off. (1963).

NEWTON, R., & G. F. ROUND: The diffusion of helium through sedimentary rocks. — Geochem. et Cosmochim. Acta, vol. 22 (1961).

NIKONOW, W. F.: Schwere Kohlenwasserstoffe und deren Relationen in den Gasen von Gas- und von Öllagern. — Geologija nefti i gasa, Nr. 8 (1961).

— Über die Zusammenhänge zwischen Erdgasführung, Erdölführung sowie den Eigenschaften der Erdöle und Gase und dem Tiefenbau der Erdkruste. — In: Die Genese von Erdöl und Erdgas. — Genesis nefti i gasa, M. isd. Nedra (1967).

OSSIPOW, JU. G., & I. N. JANIZKI: Das Auftreten von Methan und Helium in Südafrika. — Inform. soobstsch. ONTI WIEMS, wyp. 65, ser. metody geol. s-emki, poiskow, rasw. i ocenki mestoroshd., ochrana nedr., Nr. 1 (1965) [1965a].

— Die Quellen der anomalen Heliumsättigung für die heliumführenden Hauptgebiete der Erde. — Inform. soobstsch. ONTI WIEMS, wyp. 74, ser. metody poiskow, rasw. i ocenki mestoroshd., ochrana nedr., Nr. 2 (1965) [1965b].

PICARD, M. D.: Occurrence and origin of Mississipian gas in Fort Corners Region. — Bull. Amer. Assoc. Petrol. Geol., vol. 49, 9 (1962).

PIERCE, A. P., G. B. GOTT & J. W. MYTTON: Uranium and helium in the Panhandle gas field Texas and adjacent areas. — U. S. Dep. of the Interior. Geol. Survey, Prof. Paper, 454-G., U. S. Gov. Print. Off., Washington 1964.

SAUKOW, A. A.: Geochemie. — Isd. Nauka (1966).

SAWATZKY, H. B., R. G. AGARWAL & W. WILSON: Helium prospects in S. W. Sask. — Oil in Canada, vol. 12, 23 (1960).

SAWTSCHENKO, W. P.: Zur Frage der Geochemie des Heliums. — Prirodnye gasy, Nr. 9 (1935).

— Argon und Helium als Indikatoren für die Bildungsbedingungen von Erdöl und Erdgas und die Herausbildung deren Lager. — Gasowaja promyschlennost, Nr. 5 (1958).

STROUD, L., T. O. MEYER & D. E. EMERSON: Isotopic abundance of neon, argon and nitrogen in natural gases. Relationship to helium genesis, by LOWELL STROUD, THOMAS O. MEYER and DAVID E. EMERSON (Washington). — U. S. Dep. of the Interior, Bureau of Mines (1967).

STSCHUKOLJUKOW, JU. A., & T. M. ASCHKINADSE: Eine komplexe Untersuchung der Migration von Helium, Argon, Xenon und Krypton in einigen Mineralen. — Geochimija, Nr. 10 (1967).

SUESS, H. E., & H. WÖNKE: On the possibility of helium flux through the ocean floor. — Progr. Oceanogr., vol. 3, Pergamon Press Oxford—London—Edinburgh—New York—Paris—Frankfurt 1965.

TABASSARANSKIJ, S. A.: Bildungsbedingungen und Typ der Gas- und Gas-Öl-Lager von Stawropol. — Nowostni neftjanoj techniki, ser. geol., Nr. 10 (1960).

TAINSH, H. R., K. V. STRINGER & I. AZARD: Major gas fields of West Pakistan. — Bull. Amer. Assoc. Petrol. Geol., vol. 43, Nr. 11 (1959).

THOMPSON, I. A.: Canada may be next big source of helium. — Oil and Gas J., vol. 62, 45 (1954).

WASSOJEWITSCH, N. B., & G. A. AMOSSOW: Geologische und geochemische Beweise für die Bildung von Erdöl aus lebender Substanz. — In: Die Genese von Erdöl und Erdgas. — Isd. Nedra (1967).

WHEELER, H. P.: Helium. A chapter from mineral facts and problems. — Bull. Bureau of Mines, 556 (1955).

WORONOW, A. M.: Gesetzmäßigkeiten der Verbreitung von Helium in den unterirdischen Wässern der Russischen Plattform. — Isw. AN SSSR ser. geol., Nr. 12 (1967).

Zeitschrift für angewandte Geologie, Bd. 16 (1970), Heft 7/8

Über die Zusammensetzung der Gesteine des Mondes

A. P. WINOGRADOW, UdSSR

Wie wahrscheinlich auch viele andere Geologen interessiert mich die Frage nach den Gesteinen, denen wir auf der Oberfläche des Mondes begegnen werden, außerordentlich. Wahrscheinlich werden wir bald die Zusammensetzung der Proben einiger Gesteine von der Mondoberfläche erfahren, die mit Hilfe von „Apollo 11" gesammelt worden sind. Deshalb möchte ich vorläufig und ganz knapp zu diesem Problem einige Vorstellungen äußern.

Dabei sollen Meteoritenfunde auf der Erde besonders berücksichtigt werden. Die Planeten unseres Sonnensystems, der Mond, die Asteroiden u.s.f., unterscheiden sich nach dem Gehalt der primären Phasen — der silikatischen und der metallischen (Ni + Fe). Da die Erde ungefähr zu 40% aus metallischer Phase besteht, diese in den Steinmeteoriten, den Chondriten, aber nur bis zu 12% beträgt, ist offensichtlich, daß das Material der Erde gemischt ist, sozusagen entsprechend den Stein- und Eisenmeteoriten. Für die Planeten vom Typ der Erde, des Mondes usw. besteht eine Abhängigkeit zwischen ihrer Masse und der Konzentration radioaktiver Elemente (die die Wärme erzeugen). Diese Konzentration bestimmt die Intensität der Aufschmelzung leichtschmelzender silikatischer Materie gemäß dem Mechanismus des zonaren Schmelzens, was zur Bildung planetarer Krusten (primär-basaltischer) führte.

Tabelle

Oxide	A	B	C	Oxide	A	B	C
SiO_2	38,0	48,7	49,9	Na_2O	0,9	0,8	2,7
MgO	23,8	9,9	7,3	K_2O	0,1	0,2	0,2
FeO	12,5	16,0	6,9	TiO_2	0,1	0,5	1,5
Fe_2O_3	—	—	2,0	Cr_2O_3	0,3	0,3	0,03
Al_2O_3	2,5	11,7	16,7	MnO	0,2	0,4	0,2
CaO	1,9	10,3	11,8	P_2O_5	0,2	0,1	0,3

A — mittlere Zusammensetzung der silikatischen Phase von Chondriten, in Gewichtsprozenten; B — mittlere Zusammensetzung von Feldspatachondriten, in Gew.-%; C — mittlere Zusammensetzung von Tholeiit-Basalten, in Gew.-%

Unter den Steinmeteoriten rufen die selten bei uns zu findenden Feldspatachondriten ausnehmendes Interesse hervor. Sie sind reich an Ca (Eukrite, Howardite). Wie der Tabelle zu entnehmen ist, nähern sie sich in ihrer Zusammensetzung und ihrer ophitischen Struktur nach den Basalten aus der Erdkruste. Sie enthalten im Vergleich zu den Chondriten eine erhöhte Menge an SiO_2, Al_2O_3, CaO, Cr_2O_3, U, Th und eine geringe an Mg und Alkalien, wobei sie sich ihrer Zusammensetzung nach gleichfalls den Basalten nähern. In ihnen fehlt jedoch die metallische Phase Fe (deshalb enthalten sie wenig Ni). Die Dichte der Materie des Monds beträgt 3,34, die der Chondriten etwa 3,58, die von ultrabasischen Gesteinen der Erde 3,4, aber die der Feldspatachondriten etwa 3,15 g/cm³. Wie bereits in einer früheren Veröffentlichung dargelegt,[1]) ist es sehr wahrscheinlich, daß sich diese Achondriten infolge Aufschmelzung auf den Monden und anderen kosmischen Körpern aus primärchondritischem (meteoritischem) Material bilden. Es ist interessant, daß ihr absolutes Alter systematisch unter dem Alter der Chondriten liegt.

Was wissen wir unmittelbar über die Zusammensetzung der Gesteine von der Mondoberfläche? Da die Dichte der Mondmaterie 3,34 g/cm³ beträgt, ist klar, daß der Gehalt der metallischen Phase in den Chondriten etwa um 10% geringer ist. Zu der in der Literatur vertretenen Vorstellung von der Möglichkeit des Auffindens eines Kerns auf dem Mond wäre zu sagen, daß ein solcher seinem Radius nach nicht mehr als $^1/_3$ des gesamten Mondradius betragen dürfte. Seinerzeit zeigte man mit Hilfe der automatischen kosmischen Station „Luna 9" an Hand der γ-Spektren der Gesteine von der Mondoberfläche, daß diese basaltischen Charakter aufweisen. Dies wurde später durch die Aktivationsanalyse bestätigt, die die Station „Surveyor" durchgeführt hatte. Es wurde auch nicht erwartet, auf dem Mond saurere (granitische) Gesteine anzutreffen. Dies alles erlaubt die Schlußfolgerung, daß die Gesteine von der Oberfläche des Mondes (z. B. der Meere) Produkte der Aufschmelzung im Prozeß einer vulkanischen Tätigkeit meteoritischer Materie sind. Ihrer Zusammensetzung nach dürften sie der mittleren Zusammensetzung von Feldspatachondriten entsprechen, die sich, in Abhängigkeit von der Differentiationstiefe, wiederum den irdischen Tholeiit-Basalten nähern. Deshalb ist besonders auch ein Vergleich von Feldspatachondriten in der Mondkruste mit solchen auf der Erde nicht gar so absurd. Nach vorläufigen Mitteilungen ist in den Proben, die von „Apollo 11" zur Erde gebracht worden sind, viel Titan gefunden worden. Gewöhnlich ist in den Basalten bis zu 3% Ti enthalten. Wahrscheinlich wird dieser Gehalt sogar noch höher sein, weil Titanmagnetite, Ilmenit und Rutil gewöhnliche Produkte einer frühen Differentiation des Magmas sind. Kurz gesagt, zeigen die Feldspatachondrite eine spezifische Vielgestaltigkeit. So trifft man z. B. in ihnen Titanaugit u. a. an.

Zum Schluß noch einige Worte zu den Hypothesen von der Entstehung des Mondes. Wenn man eine Loslösung des Mondes von der Erde annimmt, so könnte das nach einer Differentiation der Erdmaterie in Hüllen, d. h. in Kern, Mantel und teilweise auch bereits Kruste, vor sich gegangen sein. In diesem Falle bestände die Materie des Mondes sozusagen aus Materie des Erdmantels und teilweise auch aus Material von ihrer Kruste. Das Alter der Gesteine vom Mond kann uns sehr gut bei der Klärung solcher Fragen helfen. Ungeachtet der spärlichen Angaben können wir andererseits die Möglichkeit eines Entstehens des Mondes aus einem Asteroidengürtel nicht ausschließen.

Aus: „Geochimija", H. 10, S. 1274–1275, Verlag Nauka, Moskau 1969.
Übers.: W. PAECH, Berlin.

[1]) A. P. WINOGRADOW: The composition of meteorites. — „Pure and applied chemistry", Bd. 10, S. 459ff. (1965).

Besprechungen und Referate

SAIZEWA, N. W.

Die Bändertone Belorußlands

Minsk: Verlag Nauka i technika 1969. 216 S., 45 Tab., 70 Abb., 93 Lit.

Mit dieser Arbeit von N. W. SAIZEWA liegt erstmals eine regionale Zusammenfassung über die in Weißrußland verbreiteten Bändertone vor. Verf. kann sich dabei auf einen über zehnjährigen Erfahrungsschatz bei der Untersuchung zahlreicher Bändertonvorkommen stützen. Das Buch gliedert sich in fünf Kapitel.

Das erste Kapitel, geschrieben von K. I. LUKASCHEW, enthält eine kurze Beschreibung der quartären Schichtenfolge in Weißrußland und geht speziell auf die Entstehung der Bändertone ein. Das Auftreten von Sommer- und Winterschichten wird dadurch erklärt, daß sich das von den Schmelzwässern im Sommer zugeführte klastische Material innerhalb des Wasserbeckens differenzierte: Das gröbere sandige Material sedimentierte relativ schnell, während die tonig-schluffigen Bestandteile mit dem weniger dichten (da um 0 °C) Schmelzwasser über die gesamte Wasserfläche verteilt wurden und sich vorwiegend im Winter, wo der Materialnachschub stagnierte, in das dichtere Bodenwasser (+4 °C) absetzten. Innerhalb der Sommerwarven lassen sich des öfteren „Tageswarven" unterscheiden, die auf plötzliche Wetterveränderungen zurückgeführt werden. Andererseits sind auch relativ mächtige (3—5 cm) tonigschluffige „mehrjährige" Bänder zu beobachten, die nach Meinung des Autors aufeinanderfolgende Kältejahre widerspiegeln. Die grobkörnigen Sedimente des Uferbereichs sind das Ergebnis wiederholter wetterbedingter Aufschlämmung und Wegführung des tonigen Materials.

Im nördlichen und westlichen Belorußland (Seenplatte) sind bis zu drei Bändertonhorizonte nachgewiesen. Der erste lagert oberflächennah, der zweite setzt bei 18—20 bzw. 34—36 m ein und der dritte bei 63—126 m. Die Schichtmächtigkeit beträgt 3—73 m. Die Horizonte werden durch verschiedenaltrige Grundmoränen getrennt. Die braunen Bändertone sind sowohl homogen aufgebaut als auch durch Sand- und Lehmlinsen unterbrochen. Im zentralen Belorußland ist im wesentlichen ein Bändertonhorizont bekannt (in Tiefen von 16—46 m). Hin und wieder enthalten einzelne Endmoränenmulden Bändertonlinsen. Auch im Südwesten wurde nur ein Bändertonhorizont in Tiefen bis zu 22 m festgestellt. Die Bändertone besitzen hier einen größeren Schluff-Sand-Anteil und sind grau gefärbt. Ihre Mächtigkeit beträgt 9—31 m.

Verf. gliedert die weitere regionale Beschreibung der Bändertone nach zwei Hauptverbreitungsgebieten — jungquartäre glaziale Sedimente (Kapitel 2) und mittelquartiäre glaziale Sedimente (Kapitel 3). Innerhalb dieser Hauptverbreitungsgebiete werden insgesamt 11 Sedimentationsbecken limnisch-glazialer Bildungen unterschieden.

Für jedes Sedimentationsbecken werden Angaben gemacht über die Lagerungsverhältnisse, lithologische Ausbildung und texturellen Besonderheiten der Bändertone, und zwar anhand typischer Lagerstätten. Bei der Untersuchung der stofflichen Zusammensetzung wurden sowohl Bändertone als auch Bänderschluffe insgesamt und getrennt nach den Kornstufen (kleiner 0,001, 0,001—0,005, 0,005—0,01, 0,01 — 0,1, größer 0,1 mm) bearbeitet. Neben der chemischen wurde in starkem Maße die thermische Analyse angewendet, wovon zahlreiche Tabellen und DTA-Diagramme zeugen. Bestimmt wurden die Gehalte an SiO_2, Al_2O_3, TiO_2, Fe_2O_3, CaO, MgO. Da die Schluffbänder vorwiegend aus Quarzteilchen bestehen, bringt das Verhältnis SiO_2/Al_2O_3 gleichzeitig den Anteil von Schluff- und Tonbändern im Profil zum Ausdruck (es wurden Durchschnittsproben untersucht). Die Ergebnisse der chemischen Analyse und die endo- und exothermischen Effekte der DTA-Kurven werden für die einzelnen Kornstufen miteinander verglichen und mineralogisch interpretiert.

In Kapitel 4 werden diese lagerstättenbezogenen Untersuchungsergebnisse zusammenfassend dargelegt.

Die gröberen Fraktionen über 0,1 mm bestehen aus Quarz und Karbonaten. Die Kornstufe von 0,01 bis 0,1 mm, die 70—90% der Masse der Schluff- und Feinsandbänder ausmacht, besteht zu 70—80% aus Feldspäten und einem variablen Anteil an Glimmer (vorwiegend Muskovit, in Einzelkörnern Chlorit und Biotit). Die Schwermineralien, die nicht mehr als ein Gewichtsprozent ausmachen, umfassen in einer breiten Skala Ilmenit, Magnetit, Limonit, Epidot, Zirkon, Granat, grüne Hornblende, Turmalin, Apatit u. a. Die eigentlichen Tonfraktionen (0,001 mm) bestehen hauptsächlich aus Hydroglimmern mit Beimengungen von Kaolinit und Montmorillonit sowie organischer Substanz, auf die Verf. aus einem exothermischen Effekt bei 302—336° in der Fraktion kleiner 0,001 mm schließt. In Form sogenannter „Mikroelemente" enthalten Bändertone auch Vanadium, Gallium, Chrom, Kobalt, Zink, Blei, Beryllium, Mangan, Kupfer, Zirkonium, Strontium, Barium und Nickel (eine Tabelle ist beigefügt).

Anhand der chemischen Hauptkomponenten und der Verhältnisse SiO_2/Al_2O_3 und CaO/MgO führte Verf. eine geochemische Rayonierung der Bändertone in vier Provinzen durch.

Kapitel 5 bietet einen kurzen Überblick über die industrielle Nutzung der Bändertone. Diese werden vorwiegend eingesetzt für die Herstellung von Ziegeleiprodukten und Zuschlagstoffen für Leichtbeton sowie als Adsorbenten und Katalysatoren.

Das Buch enthält eine Fülle von Tatsachenmaterial für jeden, der sich für die lithologische und texturelle Ausbildung und den chemischen und mineralogischen Bestand von Bändertonen interessiert. H. KÄBEL

PERKOW, N. A., W. N. KORSCHIKOW & O. P. JENIKEEWA

Album geologisch-geophysikalischer Typen-Bohrprofile der Erdöl- und Erdgas-Gebiete der UdSSR, Band 1

Moskau: Verlag Nedra 1969. 232 S., 38 Abb., 57 Tab., Rub. 1,42

Der vorliegende erste Band bietet Normalprofile aus den 33 wichtigsten Erdöl-Erdgas-Lagerstätten des europäischen Teils der UdSSR; ein zweiter Band soll Ende 1970 erscheinen und die Lagerstätten des asiatischen Teils der UdSSR behandeln. Nicht aufgenommen sind die Profile aus der Wolga—Ural-Erdölprovinz, die bereits gesondert veröffentlicht wurden (N. A. PERKOW, Moskau 1961, Verlag Gostoptechisdat).

Die Profile enthalten: 1. eine 2- bis 5spaltige stratigraphische Gliederung; 2. die oberen und unteren Grenzen der Mächtigkeiten der Einzelhorizonte; 3. ein lithologisches Profil mit Ausgliederung der produktiven Horizonte; 4. eine (mittlere) Teufenskala; 5. die Meßkurven der Standardwiderstandsmessung, des Eigenpotentials, soweit es in der betreffenden Lagerstätte registrierbar ist, die Kurven der natürlichen Gammastrahlung und z. T. der Neutron-Gamma-Messung sowie die Kaliberkurve. Eingezeichnet sind bohrlochgeophysikalische Bezugshorizonte und -ebenen („Reper"), die im jeweiligen Gebiet für die Korrelation der Bohrprofile verwendet werden. — Jedem der 33 Profile ist ein Textteil vorangestellt, der eine lithologisch-stratigraphische Beschreibung des Profils, Tabellen der produktiven Horizonte (mit Mächtigkeit, Porosität, Permeabilität) und der Korrelationsebenen, Angaben über die Schichtwassermineralisation, Maximaltemperaturen u. a. enthält. — Mehrere Profile reichen in Teufen um bzw. über 5000 m; Bereiche, in denen sich die Lithologie und die Konfiguration der Meßkurven nicht ändern, sind z. T. ausgelassen.

Eine derartige Zusammenstellung aller wesentlichen Normalprofile aus einem sehr großen Territorium ist von großem Wert. Sie wird die Einheitlichkeit der geologischen wie geophysikalischen Bearbeitung der Profile neuabgeteufter Bohrlöcher wahren, Korrelations- und andere Zuordnungsfehler vermeiden helfen und die Verständigung zwischen den Erdölgeologen und (Bohrloch-)Geophysikern wesentlich fördern. Die beachtliche Auflagenhöhe von 2800 Exemplaren spricht ohnehin für die Wertschätzung, die die bohrlochgeophysikalische Dokumentation in der UdSSR besitzt, da ja ein entsprechend großer Käufer- bzw. Benutzerkreis vorausgesetzt werden muß. Es wäre zu wünschen, daß ähnliche Sammlungen auch für andere Erdöl und Erdgas produzierende Länder publiziert werden könnten und eine weite Verbreitung finden würden. K. LEHNERT

LOTZE, F.

Die Salzlagerstätten in Zeit und Raum
Ein Beitrag zum Klima der Vorzeit

Arbeitsgemeinschaft für Forschung des Landes Nordrhein-Westfalen, H. 195. — Westdeutscher Verlag, Köln und Opladen 1969. 26 Seiten, 19 Abb. im Text

In der Einleitung gibt der Verfasser einen Überblick über die gesetzmäßigen Zusammenhänge zwischen der salinaren Sedimentation und der Klimaentwicklung. Dabei stellt er die wenigen unerläßlichen Grundbedingungen zusammen, die für Salzabscheidungen gegeben sein müssen. Kurz und klar sind an rezenten Beispielen die Dynamik des Gleichgewichtes zwischen Konzentration, Verdünnung und Laugenabflußmöglichkeit im offenen Meer und in abgeschnürten Meeresbecken gezeigt und die Unterschiede zwischen festländischen und marinen Salzbildungen angegeben. Auf dieser Grundlage bringt der Verfasser einen räumlichen Überblick über die heutige Salzverbreitung auf der Erde, die Verteilung der warmariden Klimazonen der Erde und der Niederschlagsgebiete der Erde, deren Übereinstimmung evident ist.

Nach dieser Einleitung verfolgt der Autor die zeitlichen Rhythmen und die räumliche Verbreitung der Salzbildung. Zusammengefaßt gibt er folgende Gesetzmäßigkeiten an, die er mit Diagrammen und Karten belegt:

a) Die großen geologischen Zeitabschnitte sind durch insgesamt unterschiedliche Klimaverhältnisse gekennzeichnet. Bezogen auf den Gesamtdurchschnitt der Erde gibt es aride, humide, warme und kalte Zeitabschnitte.

b) Die ariden Zeitabschnitte folgen nach Zeitabschnitten mit starker Gebirgsbildung.

c) Zu allen Zeiten bilden sich parallel zum Äquator Klimazonen heraus, die durch die Lage großer Gebirgszüge deformiert sein können.

d) Der nördliche aride Klimagürtel schwankt — rückwärts vom Quartär bis zum Kambrium verfolgt — nach Norden entsprechend einer Verlagerung des Nordpols von seiner heutigen Lage über Kamtschatka in die äquatorialen Bereiche im Zentrum des Pazifiks. Diese Polverschiebung entspricht den Ergebnissen der Paläomagnetik.

e) Gegen eine Kontinentalverschiebung spricht, daß sich die bekannten Salinarzonen zu geschlossenen Klimagürteln zusammenfassen lassen. Der Autor nimmt „eine Verschiebung der gesamten Erdhaut gegenüber einem im Raum festliegenden Koordinatensystem“ oder Polwanderungen als Ursache an. E. v. HOYNINGEN-HUENE

Autorenkollektiv

Guide Book on Nuclear Techniques in Hydrology

Wien: International Atomic Energy Agency 1968. 214 S., 84 Abb., $ 5.50

Dieses mit vielen Abbildungen, Skizzen und einigen Tabellen ausgestattete Handbuch wird vorgelegt, um eine übersichtliche und vollständige Information über Grundsätze und Anwendungen der nuklearen und Isotopen-Methoden zu ermöglichen, die gegenwärtig bei hydrologischen Untersuchungen verwendet werden. Da bisher nukleare Methoden nur wenigen Fachleuten bekannt sind, stellt dieses Buch eine begrüßenswerte Bereicherung der Literatur über hydrologische Untersuchungsverfahren dar und bietet über seinen informierenden Charakter hinaus auch detaillierte Anwendungsbeispiele.

Die vorliegende Fassung des Textes wurde von der Arbeitsgruppe für nukleare Techniken in der Hydrologie des Internationalen Hydrologischen Dezenniums vorbereitet und von der koordinierenden Versammlung des IHD im Mai 1968 angenommen. Viele Wissenschaftler haben sich direkt und indirekt an der Vorbereitung dieser Veröffentlichung beteiligt.

Das vorliegende Werk enthält folgende, auf die Anwendung nuklearer Techniken bezogene Hauptkapitel:

Einführung
Atmosphäre
Oberirdisches Wasser
  Fließende Gewässer
  Stehende Gewässer
Unterirdisches Wasser
  Bodenwasser
  Grundwasser
Wechselwirkungen
  (zwischen den Teilgliedern der Hydrosphäre)

Von besonderem Interesse für Hydrogeologen ist der Abschnitt Grundwasser, der u. a. Beiträge zur Porositäts- und Transmissivitätsbestimmung, zur Ermittlung der Fließrichtung und Geschwindigkeit, zur Bestimmung des Schichtenaufbaus von Grundwasserleitern, zur Schichtung des Grundwassers und zur Altersbestimmung enthält.

Hinzuweisen ist ferner auf einen Beitrag, der sich mit den Wechselwirkungen zwischen Salz- und Süßwasser beschäftigt und u. a. das Deuterium/^{18}O-Verhältnis zur Ermittlung heranzieht.

Jeder Einzelbeitrag bietet darüber hinaus eine angemessene Auswahl einschlägiger Literatur. H. GLANDER

DAVIS, J. L.

Landforms of Cold Climates

Cambridge u. a.: The M. I. T. Press (Massachusetts Institute of Technology) 1969. 200 S., 84 Fig., 40 Abb.

Das Buch ist als Band 3 der Reihe „Einführung in die systematische Geomorphologie“ erschienen. Der Verlag läßt die vorgesehenen 7 Bände von erfahrenen Spezialisten bearbeiten. Der Verfasser promovierte an den Universitäten Wales und Birmingham und arbeitete in den letzten 15 Jahren in den Hochgebirgen Südaustraliens und in Tasmanien, wo er jetzt Professor für Geographie an der Universität in Hobart ist. Sein besonderes Interesse für den Einfluß des Klimas auf den Ablauf der morphogenetischen Prozesse führte ihn zu Beobachtungen über die pleistozänen glazialen und periglazialen Bedingungen in Tasmanien. So ist es nur zu gut verständlich, daß sich die Auswahl des Bildmaterials besonders auf Dokumente aus diesen Gegenden stützt. Unter den 40 Bildern sind 12 aus Tasmanien, die übrigen vermitteln eindrucksvolle Belege aus Australien, der Antarktis, Neuseeland, Nordamerika, Grönland, Zentral- und Nordeuropa. Somit ist versucht worden, ein ausgewogenes Bild der Landschaften großer Höhen und höherer Breiten zu dokumentieren.

In den letzten 30 Jahren richtete sich das Interesse der Wissenschaft in steigendem Maße auf die Probleme der Hochgebirge und der weiten schnee- und eisbedeckten Landschaften. Dieses Interesse war im wesentlichen von der Notwendigkeit bestimmt, sich bei der Planung und Durchführung größerer Ingenieurbauten in arktischen und subarktischen Gebieten mit den landschaftlichen Gegebenheiten auseinanderzusetzen. Ergebnisse aus solchen Arbeiten sind vom Verfasser mit in das Buch aufgenommen worden.

Der Inhalt des Buches ist in 12 Kapitel gegliedert. Nach einer Einführung und neben den kurzen Schlußfolgerungen verbleiben 10 Kapitel der eigentlichen „Morphologischen Analyse“. Die Beobachtungen in periglazialen Gebieten werden in 3 Kapiteln dargelegt. Daran schließen sich Hinweise über den Einfluß des Schnees auf die Landschaftsformen, und in sechs Abschnitten wird die gestaltende Kraft des Eises bei der Herausbildung des glazialen Formenschatzes eingehend erörtert.

Die Einführung macht mit den wichtigsten Grundlagen morphogenetischer Betrachtungen bekannt und informiert über glaziale Klimate, vorglaziale Zonen, über das Periglazial sowie das nivale Klima und schließt mit einem Vergleich der glazialen und periglazialen Grenzen ab. Der Verlauf der regionalen Schneelinie in unterschiedlichen geographischen Breiten und die Abhängigkeiten der orographischen Schneelinie in der südlichen Hemisphäre werden eingehender diskutiert. Die Gliederung periglazialer Bereiche wird in ihrer klimatischen Abhängigkeit im Anschluß an TRICART (Paris 1963) durchgeführt.

Als im Periglazial wirkende Prozesse werden u. a. die Tätigkeit des Bodeneises, die sortierende Wirkung des Bodenfrostes, Frostverwitterung, Massenbewegung sowie fluviatile und äolische Prozesse erörtert. Mehrfach ausgestaltete Hänge, herausgewitterte steile Felsen, ferner die Schotter-, Torf- und Felsterrassen sind die mehr großräumigen Elemente im periglazialen Formenschatz, zu denen — mehr als Kleinformen — Erdwallbildungen, Grundeishügel, Polygonböden und spezielle Talformen treten.

Nivale Prozesse nehmen in der physikalischen Linie Periglazial — Schnee — Eis eine vermittelnde Übergangsstellung ein. Der Schnee erreicht durch die von seinen Ansammlungen ausgehende Erosion doch nur unbedeutende morphologische Effekte, die auch erst in den letzten Jahrzehnten eingehender mit untersucht wurden.

Die Gletscher werden nach ihren Formen, dem Eishaushalt, ihrer Bewegung und den Gletschertypen dargestellt, bei denen unterschieden werden: I. Temperaturtyp mit verhältnismäßig schnellem Übergang von Schnee zu Gletschereis und II. Polartyp mit langsamem Wechsel von Schnee zu Gletschereis vornehmlich als Folge des Eisdruckes ohne besondere Temperatureinflüsse.

Typ II wird nochmals unterteilt in hochpolare und subpolare Gletschertypen. Ihre morphologische Wirkung äußert sich in Korrosion, Transport, Ablagerung und durch ihr Schmelzwasser. Zu den proglazialen Prozessen werden die fluvioglazialen Erscheinungen im weiteren Sinne und die äolischen Vorgänge gezählt. Das morphologische Bild vergletscherter Hochgebirge, der Gletschertäler in ihrem Quer- und Längsprofil und der bei der Vergletscherung entstandenen Ebenen als Erosions- und Sedimentationsformen wird ausführlich geschildert.

Das Buch ist, wie die ganze Reihe, als Hochschullehrbuch gedacht. Einige beachtenswerte Vorzüge machen es hierzu besonders geeignet. Der klare, übersichtlich gegliederte Text vermittelt in knapper Weise einen doch geschlossenen Überblick über Gestaltung und Entstehung der Landschaften kalter Klimate. Einprägsame Figuren stellen das Wesentliche gleichsam plastisch vor Augen, sie erweitern und vertiefen die textlichen Ausführungen. In gleichem Sinne wirken auch die mit großer Umsicht ausgewählten Bilder. Darüber hinaus gibt die Bibliographie eine Zusammenstellung der zumeist neueren englischsprachigen Literatur. Geographen, Morphologen, Geologen und speziell Quartärgeologen werden vielfache Anregungen in ihm finden. K. DETTE

Autorenkollektiv

ANEP 1969
Jahrbuch der europäischen Erdölindustrie

Hamburg: Verlag Otto Vieth 1969. 592 S., zahlr. Abb. u. Tab., Großformat DM 96,—

Mit dem ANEP 1969 wird der dritte Band eines informativen, dreisprachigen Jahrbuches mit einer Vielzahl von Angaben, insbesondere über die westeuropäische Erdölindustrie vorgelegt. Wie die vorangegangenen Bände enthält das ANEP 1969 Übersichtsaufsätze, Berichte über die Erdölindustrie der einzelnen Länder sowie ein umfangreiches Firmen- und Bezugsquellenverzeichnis.

Von den Übersichtsaufsätzen ist besonders der einleitende Beitrag von H. U. HARK & H. SCHÖREICH über die Offshore-Erkundung in Europa bis Anfang 1969 hervorzuheben. Er enthält eine umfassende, mit zahlreichen Karten versehene Darstellung der durchgeführten Arbeiten sowie der dabei erzielten Ergebnisse unter besonderer Berücksichtigung der Nordsee. In weiteren Arbeiten mit allgemeiner Thematik werden behandelt:

Die Bedeutung des Mineralöls und des Naturgases für die westeuropäische Energieversorgung,

Die Direktinvestitionen der Erdölindustrie in den jungen Nationalstaaten unter besonderer Berücksichtigung des Mittleren Ostens,

Die Entwicklung der Erdölchemie in Westeuropa,

Erdöl und Erdgas in Nordafrika,

Die Konzeption des europäischen Brennstoffhandels,

Unterirdische Speicherung von Gasen und Flüssigkeiten.

Letztere Arbeit gibt allerdings nur eine allgemeine Einführung in die Problematik der Untergrundspeicherung, für die in Anbetracht ihrer zunehmenden Bedeutung eine ausführliche Gesamtdarstellung angebracht ist.

Bei den Übersichtsaufsätzen wie bei den Länderberichten sind die zahlreich beigegebenen Tabellen besonders wertvoll. Sie vermitteln einen umfassenden Überblick über den gegenwärtigen Stand und die Entwicklungstendenzen der Erdölgewinnung und -verarbeitung. Bei den Länderberichten wurde neuaufgenommen ein Beitrag über die Ölsuche auf dem norwegischen Festlandsockel und über die Mineralölindustrie Norwegens.

Das ANEP 1969 stellt, wie seine Vorgänger, eine wertvolle Dokumentation, insbesondere über die westeuropäische Erdölindustrie, dar. Bei der redaktionellen Überarbeitung sollte in Zukunft darauf geachtet werden, Differenzen in den Tabellen (S. 320 und S. 339) zu vermeiden.

EBERHARDT.

Fortsetzung des Deep Sea Drilling Project

„Geotimes", Jg. 14 (1969), H. 9

Ende Januar 1970 beendete das Bohrschiff „Glomar Challenger" den ersten Abschnitt der Tiefseebohrungen, die sich über einen Zeitraum von 18 Monaten erstreckten. Nachdem neue finanzielle Mittel von der National Science Foundation bereitgestellt wurden, kann die Bohrreise jetzt für weitere 30 Monate fortgesetzt werden. Joides (Joint Oceanographic Institutions for Deep Earth Sampling) wird weiterhin das Bohrprogramm planen und Scripps Institution of Oceanography in San Diego die Arbeiten durchführen.

Das Programm des ersten Abschnitts der Tiefseebohrungen war vor allem der Überprüfung der Hypothese der Kontinentaldrift durch ausbreitende Tiefseeböden, ferner der Stratigraphie der Ablagerungen in den tiefen Ozeanbecken gewidmet. Die Wissenschaftler an Bord des Bohrschiffs wechselten mit jeder Bohrreise. 59 Fachleute wurden von Universitäten und Forschungsinstituten gestellt, 5 kamen aus der Erdölindustrie, 4 aus staatlichen Dienststellen und 9 aus ausländischen Institutionen.

Da es sich herausgestellt hat, daß vor allem die Grenzbereiche zwischen den Ozeanbecken und den Kontinenten der Aufklärung bedürfen, wird der zweite Abschnitt des Tiefseebohrprogramms der Untersuchung dieser größtenteils noch unbekannten Zonen gewidmet. In 15 etwa zwei Monate dauernden Bohrreisen werden zweckentsprechende Tiefseebohrungen niedergebracht werden. Ausgehend vom Golf von Mexiko sollen die Randgebiete des Atlantischen Ozeans, des Mittelmeeres, des Pazifischen und des Indischen Ozeans untersucht werden. Die bereits im Februar oder März 1970 begonnenen Bohrreisen finden voraussichtlich Mitte 1973 im Atlantischen Ozean ihren Abschluß. H. REH

SCHRÖCKE, H., & L. L. WEINER

Mineralien

Hamburg: Kronen-Verlag Erich Cramer 1969. 162 Tafeln in 7—9farbigem Offsetdruck nach Originalen von C. CASPARI. Erschienen in der Reihe „Sammlung naturkundlicher Tafeln"

In der vom Kronen-Verlag herausgegebenen Serie von Tafelwerken zu verschiedenen wissenschaftlichen Disziplinen liegt nun der Band „Mineralien" vor. Er macht vom Äußeren her einen ansprechenden Eindruck. In einer Kassette befinden sich ein kartoniertes Textheft von 69 Seiten und die in losen Blättern vorliegenden 162 Tafeln. Diese Tafeln zeigen auf der Vorderseite Abbildungen von Kristallen und Mineralstufen und bringen auf der Rückseite Abhandlungen zu verschiedenartigen Themen. Die mehrfarbigen Abbildungen zeigen fundortspezifische Ausbildungen der betreffenden Mineralien. Sie sind künstlerisch und mit großer Sorgfalt gestaltet.

Das Tafelwerk will neben der anschaulichen, naturgetreuen Darstellung der hauptsächlichen Mineralien auch Grundwissen aus verschiedenen Sachgebieten der Mineralogie vermitteln. Diesem Ziele dienen die erläuternden Texte auf den Rückseiten der Tafeln. Da die Erläuterungen sehr unterschiedliche Themen betreffen, sind sie in dem genannten Textheft nach verschiedenen Gesichtspunkten katalogisiert. Neben einer „Einführung in die Mineralogie" (Seite 13—32) enthält der Textteil:

1. ein fortlaufendes Verzeichnis der Tafeln mit den abgebildeten, nach 2. aufeinanderfolgenden Mineralien und den Themen der Erläuterungstexte (Seite 33—37);

2. ein systematisches Inhaltsverzeichnis mit Zuordnung der abgebildeten Minerale zu den einzelnen Mineralgruppen (Elemente, Sulfide/Arsenide/Telluride, Halogenide, Oxide/Hydroxide, Carbonate/Borate, Sulfate/Chromate/Molybdate/Wolframate, Phosphate/Arsenate/Vanadate, Silikate) und mit Angabe der kristallchemischen Formeln (Seite 39—44);

3. eine Übersicht über die Erläuterungen auf den Tafelrückseiten, die sich auf folgende Sachgebiete beziehen (Seite 45—51):

a) Übersicht über die Mineralgruppen (3 Texte),
b) sekundäre Mineralien bestimmter Elemente (5 Texte),
c) Physikochemie der Mineral- und Gesteinsbildung (17 Texte),
d) Minerallagerstätten und ihre Entstehung (36 Texte),
e) Beschreibung einzelner Erzlagerstätten (41 Texte),
f) Übersicht über Lagerstättenprovinzen (7 Texte),
g) Petrographie (10 Texte),
h) Geologie bestimmter Gebiete (4 Texte),
i) Mineralphysik (19 Texte),
k) Kristallchemie und Kristallstrukturen (4 Texte),
l) Geochemie bestimmter Elemente (39 Texte);

4. ein alphabetisches Stichwortregister (Seite 53—67);

5. ein Verzeichnis der Eigentümer der abgebildeten Stufen (Seite 69).

Die Erläuterungstexte sind ebenso wie die „Einführung in die Mineralogie" allgemeinverständlich abgefaßt. Das Tafelwerk wendet sich damit nicht nur an Mineralogen, sondern an einen weiten Kreis von Freunden der Mineralogie, insbesondere an Mineraliensammler und Pädagogen. Für Fachwissenschaftler wird ein Ergänzungsband angekündigt.

Wie die Übersicht über die behandelten Sachgebiete andeutet, bieten die Erläuterungstexte Ausführungen zu mannigfachen mineral- und gesteinsgenetischen Problemen. Sie sind anregend und unter Berücksichtigung moderner Forschungsergebnisse geschrieben. Dem Werk liegt der Gedanke zugrunde, ästhetische und zahlreiche wissenschaftliche Momente zu einem einheitlichen Ganzen zu vereinigen. Es gelang den Autoren, aus der Vielzahl der Mineralien und der Mineralparagenesen sowie des wissenschaftlichen Materials die wesentlichsten Dinge auszuwählen und sich auf ein bestimmtes Mengenmaß zu beschränken. Die Vielfalt der behandelten Themen bedingt eine gewisse objektive Heterogenität der Erläuterungstexte. Anhand mehrerer Register ist es jedoch gelungen, das Werk übersichtlich zu gestalten.

W. Gottesmann

Literaturreferate

Autorenkollektiv

Schelfe, Probleme und Perspektiven der Erforschung

Leningrad: Geogr. o-wo SSSR 1969. Materialy k Sowestschaniju po probl. schelfow, sosywajemomy Geogr. o-wom SSSR w okt. 1969 g.

Das Buch bildet eine Zusammenfassung umfangreichen Materials vieler Autoren nach folgenden Problemen: A. Hauptprobleme der Untersuchung der natürlichen Verhältnisse und der Vorräte in den Schelfzonen (1. Allgemeine physikalisch-geographische Charakteristik der kontinentalen Sandbänke, 2. Sedimente im Schelfbereich, 3. Hauptsächliche geologisch-strukturelle Besonderheiten der Schelfzonen, 4. Geophysik und Geochemie der Schelfe, 5. Mineralvorräte der Schelfzonen, 6. Biologische Besonderheiten der Schelfzonen, 7. Landschaftsbildung auf dem Schelf); B. Probleme in Methodik und Technik von Unterwasseruntersuchungen (1. Entzifferung von Aerophotoaufnahmen, 2. Methoden der angewandten Geophysik, 3. Geolokation durch Schallmessung, 4. Technische Mittel der Schelfuntersuchung, 5. Ingenieurgeologische Aufgaben der Meeresgeologie); C. Probleme der Beherrschung der Schelfzonen (1. Ergebnisse und Perspektiven industrieller Vorhaben auf den Schelfen, 2. Internationale Rechtsverhältnisse).

Nikonow, W. F.

Über die Verknüpfung von Helium mit Erdölkohlenwasserstoffen

„Dokl. Akad. nauk SSSR", Moskwa, Jg. 188 (1969) 5, S. 1148—1150, 1 Abb., 1 Tab., 6 Lit.

Der Verf. wertet 3208 Analysen aus der UdSSR, den USA und Kanada statistisch aus. Die Häufigkeiten erhöhter Heliumgehalte in den Gasen reiner Gaslagerstätten, in Gaslagern von Erdöl-Erdgas-Lagerstätten sowie in Gasen von Erdöl-Erdgas-Lagerstätten und Erdöllagerstätten werden gegenübergestellt.

Heliumkonzentrationen von 0,3—1% treten in reinen Gaslagerstätten in 3% aller Fälle, in Gasen von Lagerstätten mit Erdöl in 4,7% der ausgewerteten Proben auf; Konzentrationen > 1% in 1,2 bzw. 2,8% der Fälle. Auf ähnliche Weise wird die Häufigkeit des Auftretens erhöhter Heliumkonzentration in Abhängigkeit von der Summe der Homologen des Methans von Proben mit mehr als 0,3% Helium für die obengenannten Lagerstättengruppen untersucht. Nur in reinen Gaslagerstätten nimmt die Häufigkeit mit wachsender Summe der Homologen exponentiell ab, während alle anderen Typen Häufigkeitsmaxima bei 5 bis 10% Anteil an Methanhomologen erreichen. Maximale Heliumkonzentrationen treten bei Stickstoffgehalten der Gase von 80—96% auf.

P. Dietrich

Autorenkollektiv

Russia Uncovers Arctic Reserves

„World Oil", Houston, Bd. 169 (1969) 7, S. 66—67, 1 Abb.

Sowjetische Geologen schätzen, daß ein Achtel aller sowjetischen Erdgasreserven in der Arktis bei der Halbinsel Jamal liegt. Für 1971 wird die Erdgasproduktion auf $14{,}8 \cdot 10^9$ m^3 geschätzt. Das erste Erdöl im flachen Wasser des Polarmeeres wurde kürzlich im Gebiet der Halbinsel Jamal entdeckt.

Die Erkundungsaussichten sind sehr günstig. Das Petschora-, westsibirische und Katanga-Becken fallen nach Norden hin ein. Dazu kommt das riesige Polarbecken.

Das Gebiet, in dem Öl im Polarmeer entdeckt wurde, liegt nördlich des westsibirischen Erdöl- und Erdgasbezirkes von Tjumen, der sich selbst teilweise nördlich des Polarkreises befindet. In den nächsten 10 Jahren wird Sibirien ein Drittel des gesamten sowjetischen Erdöls produzieren.

Eine der größten Erdgaslagerstätten der Welt ist die Lagerstätte Urengoj im Gebiet von Tjumen, die $2{,}55 \cdot 10^{12}$ m^3 Gas enthält (zum Vergleich Groningen mit $1{,}13 \cdot 10^{12}$ m^3).

Es werden weitere Angaben zur Erkundungstätigkeit und zu bereits nachgewiesenen Lagerstätten der Arktis gemacht.

L. Gindorf

Tagijew, Z. B., Ju. W. Nogajew u. a.

Über die Effektivität der Anwendung der akustischen Methode bei der Untersuchung geologischer Schichtenfolgen im Offshore-Gebiet

„Aserbaidsh. Neftjanoe Chosjaistwo", Baku, Jg. 48 (1969) 8, S. 5—7, 4 Abb., 5 Lit.

Von 1963 bis 1965 wurden akustische Versuchsmessungen mit der Apparatur ARDO im Bereich des Baku- und des Apscheron-Archipels durchgeführt. In vier vorliegenden Profilen unterschiedlicher Untersuchungsgebiete ist die Verbreitung der Schlammvulkanbrekzien und der Schichten des Aktschagyl deutlich sichtbar. Ferner zeigen die Profile, daß die Produktive Serie überall monoklinal lagert und nach Nordosten mit 9 bis 10° einfällt. Demgegenüber fallen die untertertiären und mesozoischen Schichten, entsprechend den Bohrergebnissen, bedeutend steiler ein.

Die Erfahrungen, die bisher gesammelt wurden, berechtigen zu der Aussage, daß sich akustische Messungen besonders zur Untersuchung der Decksedimente der Produktiven Serie eignen. H. PÄTZ

LI, W. N., & D. T. SMITH

Identifizierung von Meeresbodensedimenten mittels kontinuierlicher seismo-akustischer Profilierung (engl.)

„Geophys. Prospecting", The Hague, 17 (1969) 3, S. 231 bis 247, 9 Abb., 1 Tab., 22 Lit.

Laboruntersuchungen und einige In-situ-Messungen in verschiedenen Gebieten der Irischen See zeigen eine Korrelation zwischen mechanischen und akustischen Eigenschaften unverfestigter Meeresbodensedimente. Durch kontinuierliche Profilierungen mit einer Funkenentladungsquelle (Sparker) ließen sich die Absorptionskoeffizienten für bestimmte Hauptfrequenzen, die Frequenzabhängigkeit des Absorptionskoeffizienten sowie Variationen der Reflexionsintensitäten bestimmen. Der letztgenannte Parameter kann mit Änderungen der Rauheit der Reflektoroberfläche in Zusammenhang gebracht werden. Bei komplexer Auswertung aller drei Meßparameter lassen sich gewisse Angaben über den Meeresbodentyp ableiten. U. PATZER

PEJSIKOW, JU. W., & R. JA. SUDSHADINOW

Über die Möglichkeit einer Verwendung der radiometrischen Oberflächenmeßwerte für die geologische Kartierung

„Aserbaidsh. Neftjanoje Chosjaistwo", Baku, Jg. 48 (1969) 7, S. 3—5, 2 Abb., 6 Lit.

Durch radiometrische Untersuchungen von Sedimenten des Meeresgrundes im Bereich von Karadag-more, Insel Pestschanyj, Banka Makarowa, Bulla-more und Insel Bulla im Küstenbereich des Kaspischen Meeres konnte die lithologische Zusammensetzung der Schichten auf Grund der Beziehung „hoher Tongehalt — hohe Radioaktivität" bestimmt werden. Dadurch wurden auch die geologischen Verhältnisse des westlichen Küstenabfalls des Kaspischen Meeres geklärt. Wegen der geringen Mächtigkeiten toniger Gesteine im Top von Antiklinalen zeichnen sich diese deutlich als Minimum der Gammastrahlung ab. Auch die Schlammvulkane auf dem Festland lassen sich radiometrisch exakt kartieren. Da fast alle Antiklinalstrukturen der aserbaidshanischen Erdölprovinz höffig sind, ergeben sich durch Radiometrie wichtige Hinweise für die Erkundung. H. PÄTZ

DUNAJEW, W. F.

Ein ökonomisch-mathematisches Modell der seismischen Spezialerkundung

„Neftegasowaja Geologija i Geofisika", Moskwa (1969) 4, S. 40—43, 1 Abb., 2 Lit.

Der Verf. geht von der Beziehung, die zwischen einer effektvollen seismischen Erkundung und dem geologischen Erfolg niedergebrachter Bohrungen besteht, aus. Danach ergibt sich der Schwellenwert des Fehlers, d. h. der Abweichung geologischer Ergebnisse von seismischen, aus folgenden Parametern:

1. mittlerer quadratischer Fehler bei der Bestimmung der Ansatzpunkte von Bohrungen zur Konturierung nach seismischen Karten,
2. mittlerer quadratischer Fehler bei der Bestimmung der Bohransatzpunkte zur Konturierung nach seismischen Spezialvermessungen,
3. mittlerer seismischer Fehler der seismischen Karte hinsichtlich der Teufenangaben,
4. mittlerer quadratischer Fehler nach seismischen Profilen,
5. Einfallwinkel der Reflektorfläche,
6. Relief des Reflektors,
7. optimale Dichte der seismischen Profile,
8. Ausbildung und Verbreitung des Reflektors,
9. Aufwendungen für seismische Messungen und Bohrungen.

Diese Parameter lassen sich mathematisch modellieren, und ihre Kenntnis trägt wesentlich zur geologischen Aussage bei. H. PÄTZ

PROSCHLJAKOW, B. K.

Neues in der Bewertungsmethodik von Speichereigenschaften terrigener Gesteine

„Neftegasowaja Geologija i Geofisika", Moskwa (1969) 8, S. 40—45, 3 Abb., 2 Tab., 5 Lit.

An mesozoischen Gesteinen verschiedener Bezirke des Vorkaspi-Beckens wurden 1500 Bestimmungen der offenen Porosität und 800 Bestimmungen der absoluten Gasdurchlässigkeit durchgeführt. Dabei konnte eine enge Beziehung zwischen der Porosität und der Permeabilität in Abhängigkeit von der Teufenlage und der lithologischen Zusammensetzung sowie des Alters und gleicher thermodynamischer und tektonischer Verhältnisse festgestellt werden. In den Klassifikationsdiagrammen lassen sich deutlich die Gruppen I bis IX der durch bestimmte Porositäts- und Permeabilitätswerte gekennzeichneten Speicherpartien in unmittelbarer Teufenabhängigkeit ablesen. Der Vorteil dieser Diagramme besteht darin, daß man aus Teufenlage und Kenntnis der lithologischen Zusammensetzung kleinerer Kernstücke sofort die physikalischen Kenngrößen „Porosität und Permeabilität" bestimmen kann. H. PÄTZ

BACHMANN, W. A., u. a.

Forecast for the Seventies

„Oil and Gas J.", Tulsa (Okl.) Jg. 67 (1969) 45, S. 160 bis 182, 187—188, 191—192, 194, 199—200, 202, 204, 5 Abb., 5 Diagr., 3 Tab.

Der Zeitraum bis 1980 wird interessante Probleme in der internationalen Petroleumindustrie mit sich bringen. Der wichtigste Trend besteht darin, daß in der Welt ein explosionsartiger Aufschwung des Bedarfes an Erdöl, Erdgas, ihrer Komponenten und Derivate zu erwarten ist. Gleichzeitig wird die kapitalistische Wirtschaft mannigfaltigen politischen und ökonomischen Kontroversen ausgesetzt werden. Ausgehend von der gegenwärtigen Situation und den Entwicklungstendenzen auf dem Energiesektor geben einige prominente Autoren eine allgemeine Übersicht über den zu erwartenden Fortschritt in der Erdöl- und Erdgasindustrie (Erkundung, Förderung, Verarbeitung), wobei die UdSSR, die USA und Europa spezifische Beachtung finden.
E. BREITLING

MUSTAFAJEW, K. A.

Die Anwendung der Seismik für den Direktnachweis von Erdöllagerstätten mit mehreren Horizonten in Aserbaidshan

„Neftegasowaja Geologija i Geofisika", Moskwa (1969) 10, S. 43—47, 3 Abb., 8 Lit.

Nach kurzer Behandlung der zur Klärung des Problems in der UdSSR bisher bekannten seismischen Untersuchungsergebnisse beschreibt der Verfasser die von ihm an der Erdöllagerstätte Zachnagljar in Aserbaidshan experimentell durchgeführten reflexionsseismischen Messungen mit Oszillographenregistrierung unter Ausschluß des automatischen Verstärkers und Mischers. Es gelang ihm, im Bereich der erdölgesättigten Teile dieser Lagerstätte innerhalb der Förderhorizonte der unteren Abteilung der Produktiven Serie reflexionslose Zonen festzustellen. Da die in der gewählten Lagerstätte vorkommenden Horizonte ungestört lagern und monoklinal einfallen, erklärt der Verfasser diese Erscheinung als Folge der Erdölführung und nicht irgendwelcher tektonisch-lithologischer Inhomogenitäten. Der Verfasser ist der Ansicht, daß es mit reflexionsseismischen Apparaturen, die eine direkte Beobachtung der seismischen Impulse gestatten, möglich sein sollte, Erdöllager zu lokalisieren und ihren Einfluß auf die Ausbreitung elastischer Wellen näher zu untersuchen. H. PÄTZ

Neuerscheinungen und Literaturhinweise

...

Zur Entscheidungsfindung in der sozialistischen Volkswirtschaft

Leipzig: VEB dt. Verl. Grundstoffindustrie 1969. Freiberger Forsch.-H., D 66. 89 S., 17 Abb., 13 Tab., getr. Lit.

BARTH, T. F. W.

Feldspars

New York: Verl. Wiley-Interscience 1969. 261 S., getr. Abb., Tab., Lit.

BURZEWA, T. I.

Lithologie und Fazies der jurassischen und unterkretazischen Ablagerungen des Erdöl-Erdgas-Gebiets von Buchara und Chiva

Moskau: Verl. Nauka 1969. 131 S., 29 Abb., 13 Tab., 194 Lit.

...

Deutsch-russisches Wörterbuch des Hüttenwesens

Moskau: Verl. Sowj. Enziklopedija 1967. 760 S.

DMITRIJEW, A. P., u. a.

Physikalische Eigenschaften der Gesteine bei hohen Temperaturen

Moskau: Verl. Nedra 1969. 160 S., 67 Abb., Tab., Lit.

DRUSHININ, M. K.

Grundlagen der Ingenieurgeologie

Moskau: Verl. Nedra 1969. 200 S., 91 Abb., 23 Tab., Lit.

...

Erfolge der Geologie und die Entwicklung der Mineral- und Rohstoffbasis in der UdSSR

Moskau: Verl. Nauka 1969. 80 S., 2 Karten, 7 Lit.

...

Geomorphologie und quartäre Ablagerungen im Nordwesten des europäischen Teils der UdSSR

Leningrad: Verl. Nauka 1969. 256 S., 40 Abb., 13 Tab., Lit.

HAEDICKE, K., & E. FUCHS

Gründungen. Band I: Flächengründungen

Berlin: Verl. Bauwesen 1968. 181 S., getr. Abb., Tab., 107 Lit.

HARZER, D.

Isotopengeochemische Untersuchungen (^{18}O und ^{13}C) an hydrothermalen Mineralen aus Ganglagerstätten der DDR

Leipzig: Verl. Grundstoffindustrie 1970. Freiberger Forsch.-H., C 247. 132 S., 14 Abb., 7 Tab., 8 S. Lit.

JUNGWIRTH, H.

Zur Stratigraphie und Fazies des Unteren und Mittleren Buntsandsteins in Südthüringen (Wasungen—Sonneberg)

Berlin: Akademie-Verl. 1969. Geologie, Jg. 18, Beih. 66. 79 S., 20 Abb., 8 Tab., 4 S. Lit.

KARZEW, A. A., & S. B. WAGIN

Paläohydrogeologie

Moskau: Verl. Nedra 1969. 149 S., 39 Abb., 10 Tab., 156 Lit.

KASARINOW, W. P.

Verwitterung und Lithogenese

Moskau: Verl. Nedra 1969. 455 S., 113 Abb., 40 Tab., 424 Lit.

...

Lehrbuch der angewandten Geologie. Band II, Teil 2: Geowissenschaftliche Methoden

Stuttgart: Ferdinand Enke Verl. 1969. 794 S., getr. Abb., Tab., Lit.

Informationen

Welterdölproduktion 1969

Das rasche Ansteigen der Welterdölförderung setzte sich auch 1969 fort. Nachdem 1968 bei Zurechnung des geförderten Erdgaskondensats eine Höhe von 2 Mrd. t erreicht wurde (siehe Zeitschrift für angewandte Geologie, Jg. 15, 1969, S. 275), überstieg 1969 auch die reine Erdölförderung die 2-Mrd.-t-Grenze. Die nachstehende Tabelle gibt einen kurzen Überblick über die Entwicklung in den führenden Ländern und in einigen wichtigen Gebieten (Angaben in Mill. t):

	1968	1969	Veränderungen in %
Welt	1976	2184	+ 10,6
USA	502,8	510,0	+ 1,4
UdSSR	309,0	328,8	+ 6,5
Venezuela	187,1	187,0	± 0
Iran	141,8	167,6	+ 17,6
Libyen	124,5	150,0	+ 20,8
Saudi-Arabien	141,0	148,3	+ 5,0
Kuweit	122,1	129,0	+ 5,0
Irak	73,8	74,7	+ 1,2
Kanada	56,9	63,0	+ 10,8
Algerien	42,1	44,0	+ 4,5
Indonesien	29,4	37,0	+ 25,8
Abu Dhabi	24,0	28,8	+ 20,0
Nigeria	7,0	26,0	+270,0
Neutrale Zone	22,8	23,7	+ 3,9
Mexiko	20,0	21,0	+ 5,0
Argentinien	17,9	18,5	+ 3,3
Qatar	16,3	17,1	+ 4,9
Oman	12,0	16,3	+ 36,0
VAR	9,3	14,0	+ 65,5

Wie im Jahre 1968 tragen auch 1969 die arabischen Länder den Hauptanteil an der Jahreszuwachsrate der Förderung, die auf über 10% angestiegen ist. Die vor Jahresfrist bereits möglichen Überlegungen hinsichtlich der Entwicklung in Libyen haben sich bestätigt. Es hat sich an die Spitze der arabischen Länder gesetzt und nimmt in der „Weltrangliste" jetzt den 5. Platz hinter dem Iran ein. Die auf dem Territorium der Libyschen Arabischen Republik noch vorhandenen Potenzen lassen eine schnelle weitere Steigerung der Förderung erwarten, so daß sie in wenigen Jahren die iranische Förderung eingeholt und wahrscheinlich sogar überholt haben wird. Insgesamt ist die Förderung in den arabischen Ländern im Jahre 1969 von 595,6 Mill. t auf 667,6 Mill. t gestiegen, das ist um 12,1%. Von den arabischen Ländern wurden damit etwa 30% der Welterdölförderung erbracht. Neben Libyen ist besonders die Entwicklung in der VAR herausragend. Hier setzte sich der bereits 1968 begonnene Anstieg mit einer Zuwachsrate von 65,5% sehr kräftig fort. An erster Stelle steht die Förderung aus dem Morgan-Feld im südlichen Teil des Golfs von Suez, aber auch die neuen Felder in der westlichen Wüste sind 1969 erstmalig an der Gesamtproduktion beteiligt. Dem ersten Erdölfund in der westlichen Wüste bei El Alamein folgten bereits weitere, so daß auch hier beträchtliche Potenzen für die Steigerung der Förderung und die Erhöhung des Erdölexports in den nächsten Jahren vorhanden sind.

In der Syrischen Arabischen Republik, wo 1968 erstmals eine Förderung von 1 Mill. t erzielt wurde, konnte die Produktion 1969 bereits auf 3,5 Mill. t gesteigert werden. Damit zeichnen sich deutliche Erfolge ab, die von den syrischen Geologen in Gemeinschaftsarbeit mit sowjetischen Spezialisten bei der Erdölerkundung erzielt wurden.

Im Irak ist eine gewisse Stagnation eingetreten, bedingt dadurch, daß die Rechte der kapitalistischen Erdölgesellschaften auf die fördernden Lagerstätten beschränkt und nur die dort vorhandenen Kapazitäten ausgelastet wurden. Nach der jetzt aufgenommenen eigenen Erkundungs- und Fördertätigkeit durch die Iraq National Oil Company, der staatlichen Erdölerkundungsorganisation, ist mit der Erschließung weiterer bedeutender Lagerstätten und damit auch einem wieder kräftiger werdenden Anstieg der Erdölförderung zu rechnen. Dazu wird insbesondere die Aufnahme der Förderung in Rumaila-Nord, einer der größten Erdöllagerstätten der Welt, beitragen.

Besonders bedeutsam ist die Entwicklung in Nigeria. Hier war die Förderung im Jahre 1968 infolge des von imperialistischen Machtgruppen angestifteten Bürgerkrieges auf rd. 7 Mill. t abgesunken, nachdem sie in den vorhergehenden Jahren bereits über 20 Mill. t erreicht hatte. Nach dem Sieg über die Separatisten in Biafra wurden durch die Regierung Nigerias Maßnahmen eingeleitet, um die Erdölförderung wieder in Gang zu bringen, und auch erste Schritte zum Aufbau eigener nigerianischer Erkundungs- und Förderorganisationen wurden unternommen. Die bis jetzt nachgewiesenen Erdölvorräte und die 1969 erzielten Erfolge lassen die Einschätzung zu, daß die für 1970 mit 40 Mill. t und für 1975 mit mindestens 80 Mill. t geplanten Förderziele erreicht werden können.

In Südostasien ist der weitere steile Anstieg der Förderung in Indonesien bemerkenswert, sie entwickelte sich von 25 Mill. t im Jahre 1967 auf 30 Mill. t 1968 und 37 Mill. t im Jahre 1969, stieg also in 2 Jahren um fast 50%.

Im westeuropäischen Raum ist 1969 ein leichter Rückgang der Förderung eingetreten, von 17,2 auf 16,8 Mill. t, ein Ausdruck der starken Konzentrierung der Erkundungstätigkeit auf Erdgas, insbesondere in Westdeutschland, den Niederlanden und Großbritannien. Aus Westdeutschland kommt mit 7,9 Mill. t nach wie vor der Hauptanteil der Förderung in diesem Raum.

Insgesamt ist einzuschätzen, daß in den erdölfördernden Ländern der Welt alle Voraussetzungen vorhanden sind, um 1970 eine Gesamtförderung von mindestens 2,4 Mill. t zu erreichen. Die 1969 (a. a. O.) gegebene Einschätzung, daß die Welterdölförderung um 1975 die 3-Mrd.-t-Grenze übersteigen wird, bestätigt sich damit nachhaltig, wahrscheinlich wird dieses Ziel noch früher erreicht werden. H. Hetzer

4. Internationale Baustoff- und Silikattagung in Weimar

Vom 7. bis 11. September 1970 findet in Weimar die 4. Internationale Baustoff- und Silikattagung (4. „Ibausil") statt. Auf dieser von der Sektion Baustoffverfahrenstechnik der Hochschule für Architektur und Bauwesen, Weimar, veranstalteten Tagung ist dabei neben den Sektionen „Silikatbeton" und „Feinkeramik" erstmalig eine Sektion auch der Geologie und der Aufbereitung der Rohstoffe für die Baustoffindustrie und die Keramische Industrie gewidmet.

Die Sektion „Rohstoffe" der 4. Ibausil behandelt in etwa 50 Vorträgen u. a. allgemeine erkundungsmethodische und rohstoffwirtschaftliche Fragen der Lagerstätten von Massengesteinen für die Zuschlagstoffindustrie (Hartgesteine, Kiesel und Sande), die Bindemittelindustrie (Zementrohstoffe, Gipslagerstätten), für den Straßenbau, die Werksteinindustrie und die Keramische Industrie. Eine Anzahl Vorträge ist auch den Gesteinsprüfverfahren und ihrer Aussagekraft, den für die technische Nutzung wichtigen Gesteinseigenschaften sowie der Spezifik einzelner Lagerstätten gewidmet.

Die aufbereitungstechnischen Vorträge betreffen die mechanische Verfahrenstechnik von Detailfragen einzelner Verfahren bis zu Systemen ganzer Verarbeitungstechnologien.

Die 4. Ibausil bietet damit die Möglichkeit zur Diskussion eines für unseren sozialistischen Aufbau entscheidenden Problemkreises, nämlich die Sicherung der Produktionssteigerung unserer Baustoffindustrie durch einen entsprechenden Vorlauf der Erkundung von Baustoffrohstoffen und durch den dafür notwendigen engen fachlichen Kontakt zwischen Geologen und Verfahrenstechnikern.

Anfragen sind zu richten an das Organisationsbüro Ibausil, Leiter: Dr.-Ing. W. Riedel, Hochschule für Architektur und Bauwesen, DDR—53 Weimar, Coudraystr. 11 (Telefon 37 34 — Fernschreiber 061 8950). O. Wagenbreth

Kurznachrichten

Eine Erweiterungsbohrung des **Erdölfeldes** Oelheim-Süd in **Westdeutschland** ist im Mittelrhät fündig geworden. Die Anfangsproduktion aus einer Teufe von ca. 790 m beträgt 10 m³ täglich.

Die **ägyptische** Erdölgesellschaft Petroleum Corporation ist bei Bohrungen im Gebiet von Abu Elgharadik im Westen des Landes auf **Erdöl und Erdgas** gestoßen.

Ende vergangenen Jahres begann vor der Küste der **Republik Togo** die Bohrtätigkeit im Meer. Die erste Bohrung auf **Erdöl** wurde vor der Stadt Lomé angesetzt.

Der Konzern British Petroleum ist in der Prudhoe-Bucht in **Alaska** erdölfündig geworden. Drei Bohrungen sollen unabhängig voneinander in Teufen von 90 m, 178 m und 508 m **Erdöl** angetroffen haben. Das Feld wird auf 37 km Länge und 18 km Breite geschätzt.

Die **Braunkohlenvorräte** der **VR Polen** werden auf 35 Mrd. t geschätzt. In diesem Jahr soll die Gesamtförderung 27 Mill. t erreichen.

Das Hauptbraunkohlenfeld Ptolemais im mazedonischen Teil **Griechenlands** wird jetzt durch den **Braunkohlentagebau** Kardia erweitert. Hier sollen ab 1972 jährlich ca. 20 Mill. t Kohle und Abraum gefördert werden.

Das **ungarische** Bergbauunternehmen Mecek in Pécs nahm jetzt die Produktion von Nukleargeräten für die **Uransuche** auf. Es handelt sich um ein Suchgerät, das schneller als die herkömmlichen chemischen Methoden reagiert.

Die **Uranvorkommen Brasiliens** bei Pesos de Caldos im Staate Minas Gerais werden auf rd. 500 t geschätzt. In Viçosa und in Sao Benedito im Bundesstaat Ceara wurden weitere Uranvorkommen festgestellt.

Bei geologischen Erkundungsarbeiten im ewigen Frostboden der **Burjatischen ASSR** wurden jetzt zwei Erzhorizonte durchteuft, und ein dritter wurde angeschnitten. Das **Erzvorkommen** von Osernoje ist nach vorläufigen Berechnungen eines der größten dieser Republik.

Die **norwegische Aluminiumproduktion** wurde im vergangenen Jahr auf mehr als 500 000 t gesteigert. Auf den Export entfielen 480 000 t. Die Produktionskapazitäten sollen auf über 700 000 t/a bis 1973/74 ausgebaut werden.

In den Bergen des Alatan bei Kemerowo in der **Kasachischen SSR** haben Geologen jetzt bedeutende **Zinnobervorkommen** entdeckt.

In der Umgebung von Bolków in **Dolny Śląsk** entdeckte man Heilquellen, die **Alkalo-Glauber** enthalten. Dadurch wird die VR Polen bald über einen Kurort mit den gleichen Heilwerten verfügen wie das tschechoslowakische Karlovy Vary.

Das Wasser einiger **Flüsse in Jakutien** ist stark salzhaltig. Ein Liter Wasser des Flüßchens Soljanka, das in der Nähe von Olekminsk in die Lena mündet, enthält 21 g Salz. Das Wasser größerer Flüsse weist sogar einen **Salzgehalt** von 70 g/l auf. Sowjetische Geologen führen diese Erscheinung auf mächtige Salzlagerstätten zurück, die von den Wässern passiert werden.

Bis zu 20 t Gestein/h kann ein von **sowjetischen Konstrukteuren** entwickeltes Gerät auf Diamanthaltigkeit hin überprüfen. **Diamanthaltiges Gestein** wird einem starken Bündel Röntgenstrahlen ausgesetzt, unter dessen Einwirkung die Diamanten zu leuchten beginnen. Ein Fotoverstärker registriert diese Lichterscheinung und löst sofort eine Vorrichtung aus, die die Gesteinsprobe mit Diamanten in einen besonderen Behälter wandern läßt.

Die erste **geologische Karte** der Küstengebiete der Bellinghausen-See und des Alexander-I.-Landes im Maßstab 1 : 2 500 000 ist vom Leningrader Institut für die **Geologie der Arktis** herausgegeben worden. Sie umfaßt ein Gebiet von 100 000 km². Es ist von einer Eisdecke überzogen, die nur etwa ein Drittel der Stärke des antarktischen Inlandeises erreicht.

Seit der Machtübernahme durch den Revolutionären Rat wurden in **Burma** durch umfangreiche Bewässerungsvorhaben weit über 800 000 Hektar **Neuland** gewonnen. Die gesamte Anbaufläche erhöhte sich dadurch auf mehr als 8,5 Mill. Hektar.

Herausgeber: Zentrales Geologisches Institut im Auftrag des Staatssekretariats für Geologie beim Ministerrat der Deutschen Demokratischen Republik. Für die kollektive Chefredaktion: Dr. K. KAUTER (Redaktionssekretär), Berlin. Redaktion: 1054 Berlin, Zionskirchstraße 34 (Fernsprecher 426001). Verlag: Akademie-Verlag GmbH, 108 Berlin, Leipziger Straße 3—4 (Fernsprecher 220441, Telex 0112020, Postscheckkonto: Berlin 35021). Bestellnummer des Heftes 1047/16/7—8. Alleinige Anzeigenannahme DEWAG-WERBUNG, 102 Berlin, Rosenthaler Str. 28—31, und alle DEWAG-Betriebe in den Bezirksstädten der DDR. Die „Zeitschrift für angewandte Geologie" erscheint monatlich. Exportpreis: 6,— M, Sonderpreis für die DDR: 2,— M je Heft. — Satz und Druck: VEB Druckhaus „Maxim Gorki", 74 Altenburg. Veröffentlicht unter der Lizenznummer 1279 des Presseamtes beim Vorsitzenden des Ministerrates der Deutschen Demokratischen Republik, Kartengenehmigung Nr. 493/70, 539/70.

84114

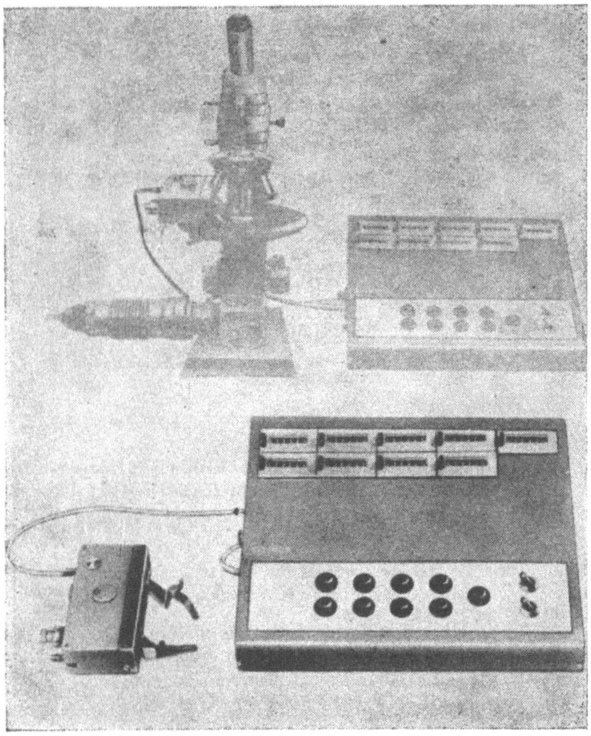

Bei Fragen zur Produktsicherheit wenden Sie sich bitte an:
If you have any questions regarding product safety,
please contact:

Walter de Gruyter GmbH
Genthiner Straße 13
10785 Berlin
productsafety@degruyterbrill.com